井冈蜜柚卡通形象　　　　　　　　井冈蜜柚标识

井冈蜜柚包装

金沙柚

金沙柚挂果状

金兰柚

金兰柚挂果状

桃溪蜜柚

桃溪蜜柚挂果状

青原区富滩生态井冈蜜柚基地

吉水县醪桥生态井冈蜜柚基地

安福县横龙生态井冈蜜柚基地

吉州区兴桥生态井冈蜜柚基地

吉安县梅塘生态井冈蜜柚基地

峡江县罗田镇黄金江朱家移民
新村老乡工程示范点

吉安县横江镇公塘村柚树成荫

吉水县新农村建设点房前屋后
柚树成行

安福县横龙镇院塘村井冈蜜柚
老乡工程示范点

泰和县垦殖场老乡工程喜获丰收

万安县潞田镇仓富村老乡工程
结硕果

国家井冈山农业科技园无病毒苗木繁育基地

母本园

无病毒砧木圃

无病毒采穗圃

营养袋育苗基地

自然生草

机械化收割、翻埋行间绿肥

杀虫灯防虫

释放捕食螨

节水灌溉

果实套袋

中国工程院院士、华中农业大学校长邓秀新视察、指导井冈蜜柚产业发展

美国加州 Bay Food Tech 科技公司交流团来我市考察交流井冈蜜柚产业

江西农业大学教授在井冈蜜柚基地现场进行技术指导

井冈蜜柚专业技术服务队在基地现场进行技术指导服务

井冈蜜柚新型经营主体金融培训班

阳光工程井冈蜜柚技术培训班

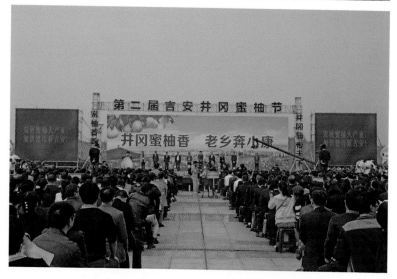

2015 年 11 月 6 日，第二届吉安井冈蜜柚节现场

吉安市第六届"井冈蜜柚王"评选会现场

井冈蜜柚

优质安全高效栽培技术

吉安市果业局组织编写

曾平章　主编

中国农业科学技术出版社

图书在版编目（CIP）数据

井冈蜜柚优质安全高效栽培技术／曾平章主编．—北京：中国农业科学技术出版社，2017.5

ISBN 978－7－5116－3081－0

Ⅰ.①井… Ⅱ.①曾… Ⅲ.①柚－果树园艺－井冈山 Ⅳ.①S666.3

中国版本图书馆 CIP 数据核字（2017）第 092115 号

责任编辑	白姗姗
责任校对	贾海霞

出 版 者	中国农业科学技术出版社
	北京市中关村南大街 12 号　邮编：100081
电　话	(010)82106638(编辑室)　(010)82109702(发行部)
	(010)82109709(读者服务部)
传　真	(010)82106650
网　址	http://www.castp.cn
经 销 者	各地新华书店
印 刷 者	北京建宏印刷有限公司
开　本	850mm×1 168mm　1/32
印　张	9.125　　彩插　8 面
字　数	229 千字
版　次	2017 年 5 月第 1 版　2020 年 10 月第 3 次印刷
定　价	32.80 元

《井冈蜜柚优质安全高效栽培技术》
编 委 会

编委会主任：曾平章

编委会成员：　曾友平　周小钢　刘　涛　郭晓明

　　　　　　　许庆胜　尹　峰　夏　芳　颜福龙

　　　　　　　古增军　丁绍华　廖云勇　张新华

　　　　　　　范军莲

主　　　编：曾平章

副 主 编：曾友平　黄其高　廖学林

编写人员（以姓氏笔画为序）：

　　　　　　　王芳飞　邓万良　刘立明　许庆胜

　　　　　　　李二女　李　华　李乐宝　陈志灵

　　　　　　　肖光华　肖招娣　周小玲　周　清

　　　　　　　贺天祥　胡伟华　郭　悦　涂琰宇

　　　　　　　高慧宗　黄其高　曾友平　曾平章

　　　　　　　彭萍华　廖学林　戴明辉

前　言

蜜柚一直是吉安市的传统优势品种，吉安发展井冈蜜柚有着优越的自然条件、良好的种植技术和广泛的群众基础。近些年来，市委、市政府把井冈蜜柚作为第一大特色富民产业，大力实施"千村万户老乡工程"和"百千万"示范工程，着力抓品种、品质、品牌，抓技术保障，抓服务体系，抓市场营销，经过几年的坚持努力，井冈蜜柚渐成燎原之势，千村万户发展，房前屋后种植，集中连片打造，成为吉安最有希望、最受群众欢迎的富民产业。特别是把井冈蜜柚作为脱贫攻坚的重点产业，帮助贫困户落实"一户一亩井冈蜜柚"，保障了长效、可持续的收益。目前全市种植面积近 30 万亩*，百亩以上蜜柚基地近 500 个，井冈蜜柚跻身江西省三大果业品牌，深受广大消费者青睐。更令人振奋的是，承载着老区人民脱贫致富、同步小康梦想的井冈蜜柚得到了习近平总书记的充分肯定，得到了省委、省政府主要领导的高度评价，极大增强了我们加快发展、久久为功的信心和决心。

当前，为种好这一井冈老区人民的"摇钱树"，进一步提升井冈蜜柚的综合效益和竞争力，结合专家研究认证，市委提出要坚定不移推进井冈蜜柚规模化、标准化、生态化、品牌化发展，着力实施五年"6611"工程，即每年新增 6 万亩，到 2020 年种植面积达到 60 万亩，产量 100 万吨以上、产值达 100 亿元，真

---

* 1 亩≈667 平方米，1 公顷 = 15 亩。全书同

正成为群众致富的"绿色银行"。为了更好地推进"6611"工程，提升井冈蜜柚发展"四化"水平，市果业局组织相关专业技术人员，结合井冈蜜柚教学、科研和生产实践，编写了这本《井冈蜜柚优质安全高效栽培技术》。书中详细介绍了井冈蜜柚种植、管理、病虫害防治、果实深加工等方面的技术，贴近实际，注重实用，图文并茂，通俗易懂，值得一读。

"家有一亩柚，小康不用愁"。衷心希望本书对广大种植户和广大农民提高井冈蜜柚种植技术有所帮助，衷心祝愿广大种植户和广大农民通过发展井冈蜜柚这份甜蜜的事业，过上致富奔小康的甜蜜生活。

中共吉安市委书记

胡世忠

2017 年 3 月

目　录

1

第一章 概 述

一、井冈蜜柚及其作用

(一) 什么是井冈蜜柚

吉安柚类栽培历史悠久,柚种质资源丰富,地方品种众多,而且还引进了很多国内外名优柚类良种进行试种。经过多年的选育,已培育出了金沙柚、金兰柚和桃溪蜜柚等优良品种进行大面积推广。金兰柚为江西省农业科学院三湖果树试验场(原址在新干县三湖镇)1936年从广东省引入试种,经历了近80年的适应性栽培而优选出的良种,其他两个品种均为吉安市培育的地方良种,由于吉安为举世闻名的革命摇篮——井冈山所在地,故将以上几个良种柚品种统称为井冈蜜柚加以对外宣传推广。

(二) 井冈蜜柚全身都是宝

井冈蜜柚果品品质优良,营养丰富,深受广大消费者喜爱。柚果素有"天然罐头"之美称,在自然简易贮藏室内,可保存4~5个月,风味仍佳,而且果实芳香诱人,置一个则满屋盈香,故人们喜欢将柚果作为厅堂的摆设,既增加了厅堂的雅致,又增加了厅堂的清香。花、叶可以提取香精油、维生素P及柚皮苷。香精油是重要的天然原料之一,广泛用于食品、日用化工等。柚花含有芳樟醇和橙花叔醇，可提取头香浸膏，是生产高级化妆品的原料。果皮可制作蜜饯或烹调多种菜肴，别有风味。皮和囊衣还可制高级果胶。种子除用作中药材外，还可提取高级香精油。

井冈蜜柚树体高大、美观，四季常青，果实硕大、华实，花朵芳香诱人，屈原《橘颂》："后皇嘉树，橘来服兮"，古诗十九首（汉代）："橘柚垂华实，乃在深山侧"，充分赞颂了柚树婆娑华丽的树形以及硕大沉甸甸的果实。柚子在民间又叫"团圆果""幸福果"，又寓意"有子"，因此，又是吉祥树，如意树，是人们深为喜爱的树种，也是优良的绿化美化树种。我国南方千百年来就有在庭院种植柚树的习惯。如在吉安市青原区的渼陂、吉水县的燕坊等古村的房前屋后以及庭落院角都能看到大量的老柚树，树干刚直苍老，枝繁叶茂，仿佛在向人们诉说古村落昔日的辉煌。吉安师范学校老校园内有两株柚树，每当春末夏初柚花盛开的时节，校园内蜂蝶飞舞，芳香扑面而来，沁人心脾，夜晚人们纷纷在柚树下纳凉、闲聊，两株柚树造就了一道美丽的风景线。近几年来，用柚树作为行道树正逐渐兴起，如南昌市的红谷滩、吉安市城南行政中心，就有几条大道栽种柚树作为行道树，春天花香诱人，夏季叶翠欲滴，秋果华实沉淀，冬日树影婆娑，别有一番趣味，深受市民欢迎。

二、井冈蜜柚果品品质、风味与营养价值

（一）优良的品质，独特的风味

井冈蜜柚果皮薄，呈金黄色，被誉为正宗的"皇帝黄"，十分漂亮，种子少，可食率高。果肉水分多，汁胞柔软，清脆化渣，糯性好，食之十分爽口，品质十分优良。酸度很低，除桃溪蜜柚有时稍感酸味外，金沙柚和金兰柚通常基本上感觉不到酸

味，且食后还有淡淡的回味苦（柠檬素类苦素），被广大消费者称为"真正的柚子味"，风味独特，深受欢迎。被湖南怀化客商以及省内萍乡市、鹰潭市的消费者称赞为"世界上最好吃的柚子"。近几年来在国内各类农产品展示展销会上屡获金奖，如2014年11月在上海举办的中国第十五届绿色食品博览会上获金奖，2015年11月在西安举办的第十六届中国绿色食品博览会上获金奖。

（二）绿色安全的果品

井冈蜜柚果皮相对其他水果较厚，而且病虫害相对较少，且较易防治，农药施用量少，因此柚果肉中农药残留量少。据多年从事果品检测工作的专业人员说，极少在柚果肉中检测出农药残留。加之井冈蜜柚病虫害绿色防控技术的大力推广普及，以及"三品一标"（无公害农产品、绿色食品、有机农产品和农产品地理标志）创建活动的深入开展，最大限度地减少了农药的施用量，保障了井冈蜜柚的绿色生产，因此，井冈蜜柚是绿色安全的果品，广大消费者可以放心食用。

（三）营养丰富的保健养生水果

中医名著《本草纲目》记载，吃柚子能够去肠胃恶气，同时还能止咳化痰。除了直接服用的方法之外，也可以将柚子制作成柚子茶服用，是一种非常好的养生水果。

井冈蜜柚果实色、香、味兼优，汁多爽口，营养丰富，具有消食、润肺、化痰、止咳、宽中降血糖、降血脂之功效。食之不上火，糖尿病人也可以吃，是鲜食的佳品。据分析，其果汁含可溶性固形物12%~14%，有的可达16%，含全糖10.14%~13%，柠檬酸0.312%~0.368%，每100ml果汁含维生素C 97.02~104.60mg，还含有蛋白质、脂肪及维生素B、维生素

B_1、维生素 E、维生素 P 等，以及人体组织不可缺少的磷、钙、镁、硫等矿物元素，其中维生素 C 的含量较甜橙高两倍，较橘类高 4 倍。维生素 C 能够有效的令皮肤之中的色斑减退，令皮肤变得更加的丰满和平滑，具有很好的护肤作用。

井冈蜜柚含有大量的柚皮素、柚皮甙，其中金沙柚还含有大量的柠檬素类苦素，这也是造成该品种食用后回味苦的主要因子。柚皮素对于身体具有很好的保健作用，柚皮素能够帮助治疗糖尿病，提高人体对胰岛素的敏感性。每天吃一瓣井冈蜜柚，能够有效降低人体中的胆固醇以及甘油三酯。柠檬苦素（Limonin）又名黄柏内酯、吴茱萸内酯。存在于柠檬或其他柑橘类水果中一类物质，纯品白色、味苦，结晶状。柠檬苦素类似物具有抗肿瘤、抗病毒、镇痛、抗炎、催眠等多种生物活性。柠檬苦素在抑制癌细胞生长方面有一定效果，有研究显示这一成分能抑制多种癌症细胞系生长，其中包括白血病细胞、宫颈癌细胞、乳腺癌细胞和肝癌细胞等。柠檬苦素类似物除以上的生物学作用之外，还具有抗氧化活性、抗菌性、抑制 HIV、降低胆固醇、明显的利尿作用、改善心脑血管循环及改善睡眠、抗病毒、调节细胞色素等作用，具有很好的保健功能。此外，柠檬苦素的神经保护作用及抗肥胖作用的研究也在进行。

最新研究发现，柚子之中含有一种黄酮类物质，这种物质能够有效降低人们患中风的可能性。这种抗氧化剂在人体中能够起到增强血管功能以及消炎的作用，经常服用能够很好的保护我们的大脑。科学家经过长达 14 年的科学实验发现，经常吃柑橘或者是柚子的女性，患有中风的可能性将大大的降低。柚子能有效地帮助身体吸收钙质以及铁质，对于身体非常的有好处。另外柚含有比较多的天然叶酸，这对于正在备孕或者是怀孕期间的女性非常的好，能有效地预防贫血，并且对于胎儿发育也有很好的促进作用。

三、井冈蜜柚市场前景与种植效益

（一）井冈蜜柚市场前景看好

柚类市场形势看好，近几年来水果价格总体上来说是稳中有降，唯独柚果却是稳中有升。究其原因，主要有：一是柚类栽培面积不大，产量不多，还有较大的发展空间。二是市场需求量日益增大，柚果营养丰富，绿色健康，吃了不上火，老少皆宜，消费群体越来越大。随着生活水平的不断提高，人们的健康观念越来越强，对柚果这些绿色保健食品的需求量越来越高。三是井冈蜜柚是柚类中的珍品，风味独特，品质优良，保健功能好，目前市场供不应求，市场前景十分看好。

（二）井冈蜜柚具有较高的种植效益

种植井冈蜜柚具有较高的经济效益，井冈蜜柚栽植第4年可投产，第7~8年进入盛果期后，成年柚树平均产量可达2 000~2 500kg/亩（种植密度为33株/亩），按4~5元/kg销售价格计，产值为8 000~12 500元/亩，除去当年成本3 000元/亩，纯利为5 000~9 500元/亩，且至少可维持30年以上的盛产期。

四、选择种植井冈蜜柚的理由以及吉安发展井冈蜜柚的优势

（一）选择种植井冈蜜柚的理由

井冈蜜柚市场广阔，种植效益高，群众种植的积极性高。除此之外，现阶段优先选择种植井冈蜜柚还有以下几大理由。一是种植井冈蜜柚易栽易管，所需投入的劳力较少，与种植其他果树

相比，生产成本大幅度降低。目前，农村劳动力十分紧缺，"谁来种地？"的问题越来越突出，相对应的就是劳动力价格越来越高，而且工效却越来越低，现在劳动力成本约为十年前的10倍，而且，还很难请到人做事，选择种植井冈蜜柚可有效地缓解请工难的问题。二是井冈蜜柚由于果实大，采摘成本低，每千克不超过0.1元，而南丰蜜橘、金柑等小果形果实每千克采摘费要0.5~1.0元。每亩按2 000kg产量计算，每亩井冈蜜柚生产仅采摘费一项就可以比南丰蜜橘、金柑分别减少800~1 800元，这就是巨大的效益所在！三是井冈蜜柚极耐贮藏和运输。即使在常温贮藏库，井冈蜜柚一般可以贮至翌年3—4月，到这个时候，一仓库柚果也不会烂几个，而蜜橘类贮至立春，即开始快速大量腐烂，烂果在40%以上。而且井冈蜜柚运输方便，适用简易包装，运输过程中基本上没有什么损耗。由于极耐贮藏和运输，使得井冈蜜柚鲜销货架期大大拉长，从而大幅度减少损耗，增加效益。四是目前井冈蜜柚主推的几个品种，成熟期配套科学。其中，桃溪蜜柚9月中下旬成熟，金沙柚10月上中旬成熟，金兰柚11月上中旬成熟，3个主导品种的合理搭配，拉开鲜果上市期，可供应中秋、国庆、元旦和春节市场。

（二）吉安发展井冈蜜柚的优势

1. 自然条件得天独厚

一是气候条件适宜，吉安市位于北纬25°28′~27°57′，东经113°46′~115°56′，年平均气温17.5~18.6℃，≥10℃年积温为5 560~5 920℃，年日照时数1 660~1 770h，年降水总量为1 400~1 600mm，属典型的中亚热带湿润季风区，气候温和，光照充足，雨量充沛，无霜期长，适宜蜜柚栽培。二是土地资源丰富，全市现有宜柚土地面积150多万亩。三是生态环境优良，吉安市森林覆盖率达66%，水资源十分丰富，有利于无公害优质果品生产，完全适合大规模种植绿色蜜柚和发展生态旅游果业。

2. 蜜柚种植基础良好

全市 13 个县（市、区）均有井冈蜜柚分布，过去多为自给性零星种植，现在发展为连片集中栽培，群众种植经验丰富，发展蜜柚产业积极性高。井冈蜜柚主导品种品质优良、丰产稳产、耐寒性较强，且为吉安本土选育，适宜吉安的气候和水土，抗自然风险性强。

3. 技术力量有保障

一是机构不断健全，市、县两级均设立了果业机构，市里还成立了井冈蜜柚研究所。二是人员不断充实，全市果业系统共有 113 个编制，目前在岗人员 102 人，其中专业技术人员 84 人，从 2013 年开始，吉安农业学校（现已并入吉安职业技术学院）每年定向招生培养 50 名果业技术人员，学制 3 年，毕业后充实到乡镇农技站从事果业技术服务工作。三是群众团体和民间组织不断发挥作用，成立了 2 个市级蜜柚协会，万安、泰和县还分别成立了县蜜柚协会，全市成立了各类蜜柚（果业）专业合作社 171 家。

第二章　井冈蜜柚主导品种来源及其特性

目前，井冈蜜柚主导品种明确为金沙柚、金兰柚和桃溪蜜柚3个品种，它们的口感、风味、果形、大小、栽培技术等有许多共同点，而成熟期、生物学特性等又有明显差异。2010年曾把泰和沙田柚也列为井冈蜜柚主导品种之一，但是由于泰和沙田柚的风味与其他沙田柚品系没有明显差别，而与金沙柚、金兰柚和桃溪蜜柚为主栽的井冈蜜柚在口感和风味上相差很大（如泰和沙田柚甜度太大、汁胞水分少、无后回味等），因此，为了不影响井冈蜜柚的整体形象与口感，兼顾沙田柚的市场竞争力因素，现在泰和沙田柚就不列为井冈蜜柚主导品种。但考虑到全市泰和沙田柚的栽培历史久及栽培面积较大，所以，本书将其相关栽培技术列入介绍。

一、井冈蜜柚主导品种来源

（一）金沙柚

1. 品种来源

金沙柚（原名金沙柚6号）是原新干县三湖橘棉所黄湘兰、刘在政、俞霖梅在1956—1959年期间用金兰柚为母本，沙田柚为父本通过有性杂交培育了1~6号金沙柚杂种，其中以6号表现为最佳，最后，金沙柚从 F_1 代的 6 号单株选育而成，1989 年冠名为金沙柚。

2. 品种特性

金沙柚具备了金兰柚的早熟、味甜脆、果汁多、品质佳和沙田柚的耐寒、香味浓等特点，达到了这两种柚优势互补最佳效果。树势强壮，干性强，树冠半圆形，大枝开张，小枝粗壮，偶有短刺；单身复叶，叶色浓绿，长椭圆形，翼叶心脏形，中大，主侧脉正、反面凸起。栽植后一般第 3 年试果（15% 左右挂果），第 4 年投产，每株可挂果 30～50 个，6～7 年进入盛果期，果实 10 月上中旬成熟，生育期 153～163 天，成年树单株挂果最高可达 300 个以上，成年树平均亩产 2 500～3 000kg。2015 年度吉安市"柚树王"得主是吉水县白水镇三分场王明根的一株"金沙柚"，2015 年 11 月 2 日经专家组调查测定，该树树龄 21 年，主干高 40cm，围径 84cm，冠幅 32m^2，有 6 个主枝，有效挂果 559 个，果实重量为 431.5kg，每果均重 0.77kg。

3. 品种选育、表现情况

金沙柚良种选育与良种推广经历了 50 余年的试栽和示范推广，无论从新干境内的滨河洲地或丘陵山岗的红壤，还是从县外的南昌、进贤、上饶、鹰潭和吉安市的安福、万安、泰和、吉水引种表明，其子代遗传性稳定，其共同的特点是树势强壮、抗寒性强（曾经受 1991 年冬季 -9.1℃ 低温都未冻死），丰产性好，19～20 年生树株产 200～400 个，熟期较早（10 月上中旬）品质佳，据测定可溶性固形物 12%～13.5%，柠檬酸 0.38%～0.50%，汁多质脆，甜酸适口，口味纯正，具有独特的微苦回味。

金沙柚在 1978 年、1981 年、1985 年全省柑橘鉴评会上获柚类第二名，1988 年被评为全省优质良种，1989 年获江西省农牧渔业技术改进三等奖，1991 年全区柚类鉴评中，被评为甜柚组第一名，是一个综合性状良好，极具开发价值的杂交良种，2002年9月经省、市专家论证《吉安市开发井冈蜜柚生产基地》项目，金沙柚列为井冈蜜柚系列的主导品种之一。《金沙柚杂交选育与示范推广》项目荣获 2005—2006 年度江西省农牧渔业技术改进三等奖，2005 年吉安市科技进步三等奖。

1985 年江西省园艺学会理事长江西农业大学曹竟渊教授经过对甜柚品种引种适应性调查研究，对金沙柚的评价很高："金沙柚 6 号具有成熟早、品质上、抗寒能力强等优点，经过长期选择培养性状稳定"。

石健泉研究员在《广西柚类种质资源特性评价》一文中论述广西引种金沙柚等 39 个柚品种进行系统观察比较后，肯定了金沙柚的优良性状。石健泉研究员对金沙柚的特性作了较为充分的论述，在对 39 个不同品种产量比较中，金沙柚株产名列第四。

综合各地示范栽培和引种表现，金沙柚具有抗寒性强、早熟，品质优和早结丰产稳产、性状稳定等特点，特别适于积温相对较低地区引种栽培。

（二）金兰柚

1. 品种来源

该品种原产广东省紫金县，1936 年江西省农业科学院三湖果树试验场（后改为新干县橘棉科研所内）首先引进，然后扩种到双金园艺场、永新县、湖南安化等地。1983 年地处安福县横龙镇的"吉安地区横龙综合垦殖场"从"江西省双金园艺场"引进"金兰柚"试种，面积约 10 亩，经 1991 年冬季特大冻灾后，从该园未冻死树萌蘖重新形成树冠并投产，1998 年从中选育的优良单株繁育而成。

2. 品种表现

树冠圆头形，长势中等，叶片比沙田柚和桃溪柚大，比琯溪蜜柚小，椭圆形，先端钝尖，基部钝圆，表面浓绿，叶背淡绿色，翼叶倒心脏形，较大。枝较直立，不像沙田柚和琯溪蜜柚有较多的横斜枝及下垂枝。果实形状为倒卵形，重 750～1 500g，果皮薄，果面平滑，油胞微凸或平生，小而密，果皮金黄色，外形美观，成熟时有较浓香气，中果皮白色，囊瓣 14～16 瓣，大小一致，汁胞较粗大，白色，甜而多汁，早采则后味略苦，品质良好，可溶性固形物 11%～12%，100g 果肉维生素 C 含量 120～130mg。果实成熟期 11 月上中旬，果实耐贮，丰产稳产性好。较抗溃疡病，幼年树抗寒性较差，成年树抗寒性较好，但冻害后恢复树势较快，1991 年 12 月，从双金园艺场引进的金兰柚园遭遇罕见冻害，枝梢全部冻坏，叶片全部冻死脱落，但大多数树没有冻死，有 70% 的树从主干处萌发重新形成树冠，在冻害后第 3 年正常投产。

该品种的主要优点：一是早产、丰产、稳产，管理好的两年可试果，三年可投产，一般四年可正常投产，初果树单株结果数达 30 余个，盛产树单产达 300 多个，大小年不明显。二是果形整齐漂亮，皮薄，汁多，肉脆，味甜，无酸味。三是耐贮藏，不需药剂处理常规贮藏可到翌年 4 月。四是抗病性较强，对疮痂病、溃疡病、根腐病、黄龙病抗性较强。抗冻性稍差，但是，多年生大树抗冻性较强。

枳砧的坐果率高，小果多，要加强疏果，酸柚砧则表现树势强，果略大。初果期果实水分少，化渣性稍差，随着树龄的增长，水分增多，化渣性变好。果实以倒卵形果为主，有时果形表现为瘦长的梨形，梨形果比倒卵形果皮略厚，初结果树梨形果出现较多些。果实种子随园地的不同也表现出明显的差异。有的果无籽或仅是小小的退化的种子，有的则有几十至百余粒的种子，而且表现为有籽的风味更好，水分多，化渣，无籽的水分略少，化渣性略差。无籽的果实常见囊瓣裂开，汁胞外露。有籽的后味略苦，无籽的甜味更明显，但有淡淡的酸感。种子的多少可能与不同品种间授粉有关。

（三）桃溪蜜柚

1. 品种来源

从新干县桃溪乡板埠村甘香生家 1974 年种植一株变异的实生"沙田柚"单株选育而成。2011 年 11 月该品种经专家组鉴定后，江西省农作物品种审定委员会通过新品种审定为"桃溪蜜柚"。

2. 选育过程

1995 年，吉安市开展了良种甜柚选优工作，在新干县选出柚类优良单株 5 株，经新干县果业局和吉安市果业局 1996—1998 年连续三年的跟踪调查和综合比较，新干县桃溪乡板埠村甘香生家庭院内一株柚树综合性状表现最优。据户主甘香生介绍，他 1974 年在三湖街购买一个柚果回家品尝后，感觉非常好吃，就将种子种在母树生长地，当时长出几株，但后来只成活了该单株。该树种植后，一直未移栽过，目前母树树龄约 42 年，并得到很好保护。1991 年本村果农谭龙如发现该树果实品质好，1991 年秋采穗繁育苗木，1995 年当地群众向新干县果业局推荐选育。

1999 年在新干县政府的大力支持下，组建课题组立项研究，制定了《新干桃溪特早蜜柚良种选育研究实施方案》，并经县政府常务会议研究同意立项，将桃溪板埠柚暂冠名为"新干桃溪特早蜜柚"，此后，新干县政府连续五年拨专项资金用于新干桃溪特早蜜柚研究与开发。

为了鉴定母株的优良特性、特征，课题组在 1999—2001 年连续三年对该优良单株的生物学特性、物候期进行了系统观察研究，1999—2003 年连续五年分别送果样至江西农业大学、江西省农业科学院和中国农业科学院柑橘研究所检测中心进行果实品质生化分析。2001 年 10 月中国农业科学院柑橘研究所检测中心分析结果可溶性固形物 11.2%，总糖 9.05%，还原糖 2.7%，转化糖 9.38%，总酸 0.76%，维生素 C 78.87mg/100g 汁液，认定为品质极优。

为了鉴定母株优良特性的遗传稳定性，2001—2003 年课题组对甘香生栽种的 8 株无性一代以及桃溪乡岭背村罗根如栽种的 126 株无性二代的生物学特性、物候期进行了系统观察研究。1999 年 9 月在桃溪乡、金川镇等地果园进行高接试验示范，2001 年春在新干县果业局新品种示范园以及新干县农业局经作基地设立品种对比试验园，引进龙回早熟柚、金沙柚、永嘉早香柚、瑶溪蜜柚作对照。2002 年、2003 年选送无性一代、无性二代柚果到江西省农业科学院检测中心进行果实品质生化分析，2002 年分析结果可溶性固形物 12.3%，总酸 0.53%（以结晶柠檬酸计），总糖 8.00%（以葡萄糖计），维生素 C 65.6（mg/100g），各种数据与母树相近。

2011 年该品种经专家组鉴定后，江西省农作物品种审定委员会认定命名为"桃溪蜜柚"。

3. 品种表现

品种性状稳定，树势强健，树冠半圆头形，叶色浓绿，叶长椭圆形，前端稍尖，翼叶中等大，为心脏形，叶缘浅波状，蜡质较厚。枝梢分枝角度小，较直立，有少量毛茸和短刺，短刺长 0.3～0.7cm。

果实成熟期早，9 月中下旬成熟，生育期 143～153 天；卵圆形或梨形，果面较光滑，果顶中心微凹，果皮成熟时呈橙黄色，油胞凸较大，稍稀，果重 1 000～1 500g，果皮厚 1.3cm 左右，可食率 44.9%，囊瓣肾形，13～15 瓣，果汁饴糖色、量多，质地脆嫩，化渣，风味甜爽有浓香，后味纯正，无苦麻味，核较少，每果种子 20～70 粒。可溶性固形物 11%～12%，总糖

9.05%，总酸 0.76%，糖酸比 11.91∶1，固酸比 14.74∶1。

自花结实率高，结果性能良好，幼树能早结丰产，成年树高产稳产。

4. 母树

目前，母树保护在新干县桃溪乡板埠村甘香生家庭院里，生长结果良好。树龄 42 年，树高 7.1m，冠径 8.2 m×6.4m，主干高 1.35m，主干围 0.89m，绿叶层厚 5.6m，树冠半圆头形，内膛空，结果外移，每年结果量 230 个左右，长势较好。

（四）泰和沙田柚

1. 品种来源

泰和县 1938 年从广西柳州引进"沙田柚"的实生变异单株中选育的优良品系。

2. 性状表现

树势强健，树冠高大，稍开张圆头形，小枝多下垂、平生，叶厚深绿色、叶背浅绿色，叶缘浅锯齿，翼叶大呈心形，叶片间距密，叶正面叶脉凸起明显，新梢有棱角偶有小刺，果重 900g 左右，梨形，果皮厚，果顶微凸有印环，中心柱实心，11 月中旬成熟，自花结实率低。突出表现为：果肉脆嫩化渣、汁多味浓甜、抗寒性强、耐贮运。其母株果品曾多次参加江西省柑橘品种鉴评名列前几名，其枳砧后代栽植在原地区园艺场，果品曾连续 3 次参加全省甜柚良种鉴评均为第一名。

二、井冈蜜柚主导品种特性

（一）井冈蜜柚生物学特性

井冈蜜柚生物学特性是其生长发育及其生长周期各阶段的性

状表现，包含形态特征和生长期特征。充分了解掌握生物学特性，在生产栽培中才能有针对性地采取相应技术措施，对井冈蜜柚取得高产优质高效十分关键。

1. 根系

（1）根系功能。根系是基础，好比高楼大厦的墙基，高楼大厦平地起，关键在于基础稳不稳，因此，蜜柚根系十分重要，根系生长的好坏决定蜜柚长势、产量与质量。由主根、侧根和须根组成，其主要功能为固持树体，从土壤中吸收、运输、贮藏养分和水分，还能合成某些有机物质，确保其生长发育所需营养与水分。蜜柚须根上没有着生根毛，其先端与土壤中的真菌共生形成菌根，替代根毛吸收土壤中水分和养分的功能，菌根中真菌在氧气充足土壤中活力更强，因而形成了蜜柚根系好气特性。根据这一特性，在生产栽培中选择肥沃、有机质丰富、土层深厚、疏松透气的土壤建园，或者采取扩穴改土、增施有机肥、中耕、覆盖等措施改良土壤，才能实现井冈蜜柚速生快长、早结丰产。

（2）根系分布。依品种、砧木、树龄、环境条件和栽培技术不同而异，酸柚砧木的根系比枳壳砧木要深，属深根性结果稍迟，但枳砧须根多，水平根系发达，分布较浅，一般可提前结果；土层疏松深厚、有机质含量高、地下水位低根系较深。一般环境条件下根系深 1.5m 左右，须根分布在表土下 0.1~0.6m 的土层较多，占须根总量 80% 以上；地下水位高或土质黏重的环境下，根系深仅 0.3~0.4m，并且绝大多数根接近地表分布。一般情况下根系水平分布宽度为树冠的 2 倍左右，3~5 年生的水平根扩展最快。

（3）根系对生长发育的影响。井冈蜜柚水平根系发达，有利于生殖生长，可提早结果，适合密植。垂直根系发达，对应地上部易徒长，延迟开花结果，但抗逆性强，单株高产稳定，耐粗放管理。

（4）根系生长规律。井冈蜜柚根系在一年中有 3 次生长高峰，与枝梢生长高峰成相互消长关系。第 1 次生长高峰在春梢停止生长到夏梢抽发前（4 月），此次发根量最多；第 2 次在夏梢抽发后（7 月），发根量最少；第 3 次在秋梢抽发后（9 月）至"小阳春"（11 月），发根量较多。总之，每次新梢停止生长后，就有一次发根高峰。因为枝梢生长和根系生长所需的营养物质互相依赖，根系生长所需营养由叶片通过光合作用供应合成的碳水化合物，枝梢生长营养依靠根系从土壤中吸收大量的矿物质元素和水分。当枝梢生长时，由于要消耗大量养分使根系生长速度暂时受到抑制，当枝梢停止生长以后，积累的养分往下运输，又促进了新根的大量发生，形成新根生长高峰。为此，了解井冈蜜柚根系生长规律，对确定合理土壤耕作和施肥时期有重要指导意义。

根系再生能力强，根系越细再生能力和恢复能力越强。利用这一特性，在生产中通常进行深翻施肥，切断部分水平细根，诱发大量新根，培育强大根系，保持树势强健。

（5）根颈是根系与主干的交界部，是蜜柚树体运输水分养分的交通枢纽，是树体器官中机能比较活跃的部分。根颈对外界环境变化十分敏感，比地上部分进入休眠迟，而早春时又最早退出休眠期，冬季低温易受冻，夏季高温高湿容易发生病虫感染，如脚腐病、天牛等为害，因此，生产栽培时，加强根颈部位管理，冬季低温时根颈应覆盖保温，萌芽前一星期左右要及时清理覆盖物，苗木栽植时要将根颈露出土面。

2. 芽、枝梢、叶

（1）芽。井冈蜜柚芽是枝、叶、花等器官的原始体，具有早熟性和潜伏性。有叶芽、花芽和混合芽，芽体由几片不发达的肉质先出叶所遮盖，每片先出叶的叶腋各有一个芽和多个潜伏性副芽，因而构成了复芽，故在一个节上往往能萌发数条新梢。在生产实践中利用复芽特性，人工抹去先萌发的嫩梢，可促进萌发更多的新梢。

蜜柚枝梢生长有较明显的顶端优势，枝条上部芽具有抑制下部芽萌发的特性，故生产中枝条短截或弯枝时，能促使下部芽发梢。老枝和主干上具有潜伏芽，受刺激后能萌发成枝，因此老龄或受严重冻害的蜜柚树容易更新复壮。

（2）枝梢。

①枝梢组成。井冈蜜柚枝梢有主干、主枝、侧枝和各级枝梢组成，其树冠由以上各种枝梢有序分布组成。各种枝梢的区别：主干是从根茎到第一个主枝分杈间的树干部分；主枝是直接着生在主干上的大枝；副主枝是着生在主枝上的大枝；侧枝是着生在主枝或副主枝上的各级小枝；梢是着生叶、花、果的 1~2 年生小枝条，属于侧枝。

②枝梢功能。主要功能是支撑树冠，输导和贮藏营养物质，幼嫩时有光合作用能力。枝梢由于顶芽"自剪"，形成合轴分枝，加上复芽和多次发梢，致枝条密生，因此呈现干性不强、层次不明显的圆头形或半圆头形树冠。

③枝梢性质。对蜜柚枝梢性质来说，可分为结果母枝、结果枝和生长枝。

结果母枝是指头年形成梢，翌年抽生结果枝的枝。一般生长偏弱，幼树以内膛 8 片叶以下的弱枝作为结果母枝为主，成年树则以 6 片叶以下至无叶弱枝作为结果母枝为主，结果母枝一般节间短，叶片中等大，叶肉厚，叶缘稍向内卷，枝条叶片大小均匀，枝条内部组织充实。春、夏、秋梢及二次梢均能成为结果母枝，但以春梢为主，老树几乎完全以春梢为结果母枝。

结果枝是指结果母枝上抽生带花的春梢，又称花枝。落花的则为落花枝，有花无叶的枝称无叶花枝（或称无叶结果枝），结果枝都是春梢。

生长枝又叫营养枝，是指不着生花果的枝和无花芽的枝，分徒长枝和普通生长枝。徒长枝一般长度在40cm以上，有的甚至达1 m以上，其横断面大致为三角形或扁平棱角形，有刺，节间长，叶大而薄且色淡。徒长枝夏秋高温期易发生，往往是在主干或内膛的大枝、老枝条上抽生，抽发时消耗大量养分、破坏树冠平衡且易引起病虫害发生，因此，一般情况下是没有用的，修剪时从徒长枝基部剪除。但是，幼龄树和老树着生角度较好的徒长枝是可以利用，幼龄树可用作扩大树冠造形，老树可用来更新主枝或枝组。普通生长枝是次年不能开花和抽生结果枝，分为强壮营养枝和弱营养枝，弱营养枝一般是生长较弱或不充实的枝梢，以春梢为主，来年可成为结果母枝。强营养枝可抽生新梢，是树冠扩展的基础，幼年树上抽生这种枝条为最多。

④枝梢分类。根据抽梢时间，枝梢可分为春梢、夏梢、秋梢和冬梢，由于季节、温度和养分吸收不同，各次新梢的形态和特性各异。

春梢在2—4月发生，一般2月底3月初萌芽，绝大部分在3月抽梢生长，4月初新梢老熟，此次梢抽吐整齐、数量多、节间短、枝条充实、叶片小而尖，是最重要枝梢、下年的主要结果母枝（90%以上）和当年的结果枝。春梢的数量和质量对蜜柚的生长和结果特别重要，因此，管理上要特别注意春梢（特别是内膛春梢）的培育与保护。

夏梢一般在5—7月陆续发生，即立夏至立秋前，夏梢抽吐时间先后不一，生长不整齐，但新梢生长旺盛，叶片大而厚，宽椭圆形，叶两端钝圆，翼叶也大，节间疏长，枝条粗多为棱形，组织不充实，叶色较浅。幼龄树利用夏梢迅速形成扩大树冠，衰老树可利用夏梢复壮更新枝组，盛产结果树要抹除夏梢，以防大量抽发夏梢造成落果。

秋梢在8—9月发生，抽吐较夏梢整齐，形态介于春、夏梢之间，数量也较多，二年生秋梢也可以成为结果母枝，尤其是 8 月 20 日以前萌发的弱早秋梢能成为很好的结果母枝。幼龄树 8 月 20 日以后发生的秋梢和晚秋梢要全部抹除，否则冬季会遭受冻害并消耗养分，丰产成年蜜柚在 10 月底把所有未成熟的嫩梢统一剪除。

冬梢一般在暖冬且雨水充沛条件下抽生，由于生长时间短、气温低，不能成熟，没有保留价值，且还会延迟柚树进入相对休眠期，降低柚树的抗寒能力，因此，要及时剪除。

⑤枝梢开花结果习性。井冈蜜柚有弱枝结果特性，绝大多数以内膛枝、下垂枝为结果母枝，结果枝以无叶花序和少叶多花的结果枝为好为多，这部分枝条赤霉素、氮和水分含量较少，生长较慢，养分、水分转运也慢，营养物质积累较多，十分有利于花芽分化，因此在修剪时，内膛枝、下垂枝、无叶枝尽量不剪除，尤其是幼龄结果的井冈蜜柚，培养内膛枝梢是提早幼树结果主要技术之一。

井冈蜜柚外围直立枝梢顶端优势明显，营养物质积累较少，一般难以形成花芽，不会开花结果。但是，其水平枝或下垂枝上由于分枝角度较大，叶片制造的营养物质较难通过韧皮部向下流动，积蓄的营养物质多，易形成花芽和开花结果。在生产过程中，通常对直立性枝梢采取吊枝、扭枝、拉枝等措施来促进其开花结果。

⑥分枝对生长和结果影响。分枝角度和分枝级数对井冈蜜柚生长发育有极大影响。分枝角度大家都好理解，分枝级数是什么呢？分枝级数通常指蜜柚的主干为零级，着生在零级上的枝为一级，着生在一级枝上的分枝为二级，依此类推，随着分枝级数的增加，新梢的生长势逐渐减弱。

在正常情况下，分枝级数达到 3 级时转变为结果母枝，4 级时就可开花结果，达到 7~8 级时，则不再会发生二次梢的趋势。

分枝级数越高，发梢次数越少，达到 10 ~ 12 级时，春梢也易自然枯死，下部自然发生更新枝。在实际生产中，一般四年生井冈蜜柚可达到 4 级分枝，大部分可挂果。通过适当调节分枝级数，采取摘心、短截、回缩修剪等手段，可提早结果、延长盛果期年限和衰老树更新复壮的效果。

（3）叶。井冈蜜柚为单身复叶，长椭圆形、较肥厚、叶柄长，叶片较大，翼叶也较大，背面有气孔。叶片主要功能是进行光合作用，制造、贮藏有机养分，能贮藏树体 40% 以上的氮素和大量碳水化合物，通过叶片蒸腾树体的水分，使树体水分达到平衡。嫩叶的光合效能随叶龄增长而增加，叶片（6 个月）成熟后光合效能保持高峰。叶片寿命一般为 17 ~ 24 个月，长的可达 3 年以上，正常落叶一般在（4 月）春梢展叶后，带叶柄脱落，如遇冻害、干旱、风暴、涝害、病虫害为害等会缩短叶片寿命。因此，在生产中要注意保护好叶片，促使叶片正常生长，扩大树冠叶面积，提高光合作用效能，防止不正常不带叶柄的落叶发生（尤其是冬季落叶），确保叶果比达到 200：1 左右，十分有利于蜜柚增强树势，提高产量与品质（图 2 - 1）。

3. 花

井冈蜜柚花为完全花，有花瓣、花萼、雄蕊、雌蕊。蜜柚花蕾大，花大，花萼 3 ~ 5 裂，黄绿色，花瓣 3 ~ 5 瓣，肥厚，白色，绝大部分花着生在总状花序上，雄蕊 22 ~ 47 根，雌蕊 1 根，花序带叶或不带叶，以无叶花序居多，也有少数着生于结果母枝叶腋或顶端的单花。

花芽分化期为 9 月至翌年 3 月，生理分化期为 9 月 20 日左右开始，11 月底止，这期间树体营养水平决定次年花量的多少；形态分化期为 1 月下旬开始，至现蕾前结束，这期间的温度、光照决定花的质量，花器发育好为提高授粉受精能力打下基础。若 10 月左右土壤适度干旱或根系吸收的水分少、气温偏高，光照、

沙田柚　　　　　　　　　　　金沙柚

图2-1　叶

肥水充足，有利于花芽生理分化，来年花量大、花质好，反之，则花少差。

开花时间在4月上中旬，花期10天左右，除泰和沙田柚需配置一定量授粉树外，金沙柚、金兰柚和桃溪蜜柚自花结实率高，不需配授粉树，但是，多个品种混栽授粉有利于提高果实质量，主要表现为果实增大、果皮变薄、外观整齐，但种子也偏多（图2-2）。

4. 果实

（1）果实结构。井冈蜜柚果实由子房发育而成，外壁发育成果实的外果皮即油胞层，中壁发育为内果皮即海绵层，内壁为心室发育成囊瓤，每个果实有9～13瓣，内含汁胞和种子，汁胞为食用部分，各心室内缝线聚合发育成果心，其果心小且实，不易产生裂果。

（2）果实发育。果实从幼果至果实成熟需140～175天，经

图 2-2 花

图 2-3 果实

历两次生理落果和四个生长发育阶段，第一次生理落果期是从盛花后的第 10 天开始至第 15 天结束（4 月底至 5 月初），幼果带柄脱落，占落果量 72% 左右；第二次生理落果期是从盛花后的第 15 天（5 月下旬）开始至第 60 天结束，幼果不带果柄脱落，占落果量 17% 左右。果实生长经历果皮、汁胞的细胞分裂阶段、中果皮迅速增厚阶段、汁胞迅速伸长增大阶段和成熟阶段。幼果生长较慢，6 月初果实迅速膨大，出现果实第一次增长高峰，7 月底至 9 月上旬出现第二次增长高峰，9 月中旬至 10 月中旬为第三次增长高峰，然后种子发育成熟，转入果实成熟期。

5. 种子

图 2-4 种子

井冈蜜柚种子较大（1.6cm × 0.8cm），扁锲形，外种皮为淡黄色，革质坚韧有纵纹，内种皮为膜质，淡褐色尾端带有紫褐色，将胚包紧，种子内胚（子叶）及胚芽为白色，其胚与其他柑橘类不同，为单胚。正因为柚种子是单胚（有性胚），实生播种苗易产生变异，这也是各地柚树变异单株多、易选育出优良株系的原因。

每个果实种子数量在50～138粒。金沙柚和泰和沙田柚单品种栽培情况下，大多数种子退化，少籽或无籽；桃溪蜜柚、金兰柚种子较少，一般每个果实50～70粒；金沙柚混栽其他柑橘类果树和泰和沙田柚人工授粉时，果实种子明显增加，可达100粒以上。

（二）井冈蜜柚主导品种特性对比（表2－1）

表2－1　井冈蜜柚主导品种特性对比

	金沙柚	金兰柚	桃溪蜜柚	泰和沙田柚
植物学特性	树势强壮，干性强，树冠半圆形，大枝开张，小枝粗壮，叶片，绿色叶背色浅，长椭圆形，叶翼心脏形，中大，叶片间距较稀，叶背叶脉凸起明显，春芽萌动时先淡黄再转绿色，新梢圆润，无刺，偶有短刺，果实印圈平，中心柱实心，果品耐贮性较强，自花结实率高，早结丰产稳产性强	树势中等，树冠圆头形，小枝粗壮，先端钝尖基部钝圆，叶片浓绿、叶背淡绿色，翼叶倒心形、较大，新梢圆润，枝较直立，无刺，果顶稍凹入，蒂部有浅放射性沟纹5～6条，中心柱实心，囊瓣14～16瓣，汁胞较粗大，白色，果品耐贮性强，自花结实率高，丰产稳产性强	树势强健，较直立，树冠半圆形，叶色浓绿，叶片内卷、长椭圆形、前端稍尖，翼叶中等大，心脏形，叶缘浅波纹状，蜡质较厚，枝梢有少量茸毛和短刺，果实印圈凹陷，中心柱实心，果品耐贮性最差，容易返酸、软化，自花结实率高	树势强健，树冠高大，稍开张，小枝多下垂、平生，叶厚深绿色，叶背浅绿色，叶缘浅锯齿，翼叶呈心形，叶片间距密，叶正面叶脉凸起明显，春芽萌动时先紫红再转绿色，新梢有棱角偶有小刺，果顶微凸有印环，中心柱实心，果品耐贮性最强，自花结实率低
果实成熟期	10月上中旬	11月上中旬	9月中下旬	11月中旬
果实形状	倒卵圆形，偶有葫芦形，果形端正，果皮薄，光滑亮泽	倒卵圆形，果形端正，大小均匀整齐，果皮薄、光滑亮泽，果顶平	葫芦形或梨形，果皮粗糙，果蒂端多不规则，果顶中心微凹	梨形，果皮厚，粗糙，果蒂部呈短颈状

（续表）

	金沙柚	金兰柚	桃溪蜜柚	泰和沙田柚
果实大小（g）	735~830	730~800	900~1 050	850~950
种子数（粒/个）	86（50~100）	65（50~90）	55（20~70）	105（70~130）
色泽	金黄，光亮	金黄，光亮	橙黄，较亮	橙黄，较亮
油胞	小，分布均匀，平生	小而密，分布均匀，平生或微凹	较大而稀，分布较均匀，凸生	细密，大，分布不均匀
果肉	白色淡黄（浅）	白色淡黄（浅）	白色褐黄（深）	白色，汁胞细长
风味	甜—酸—微苦，清淡，脆香，水分足	甜—酸—淡苦，脆，香味浓，水分足	酸—甜—微苦，味淡，脆香，水分足	甜—无苦味，味浓甜，香脆，水分较少
固形物（%）	11~12.5	11~11.5	10.5~12	13.5~15.5
维生素C（mg/100ml）	64	75（120~130）	74	125
含酸量（%）	0.56	0.6(0.4~0.7)	0.64	0.3~0.4
品种来源	20世纪50年代新干橘棉所利用沙田柚为父本和母本金兰柚进行人工杂交培育而成	原产广东省紫金县，江西双金园艺场从新干橘棉所引进，1983年安福县横龙垦殖场从双金园艺场引种栽培	1995年从新干县桃溪乡甘香生1974年栽植的实生沙田柚单株变异选育出来的	1938年泰和县从广西柳州引进的软枝沙田柚中选育的优良品系

注：泰和沙田柚虽不是井冈蜜柚主导品质，但由于是主要授粉品质，此表做了详细介绍

（三）井冈蜜柚果品及风味

1. 果实品质

（1）外观品质。井冈蜜柚大部分果形漂亮，端正，整齐，

油胞大小分布均匀，果皮光滑鲜亮，成熟时金黄色，被誉为"吉祥果"（图2－5）。金沙柚多为倒卵圆形、少有梨形；沙田柚和桃溪蜜柚为梨形，果皮较粗糙；金兰柚为倒卵圆形。果实整体精致偏小，但光鲜亮丽，果面缺陷较少，一般在600～900g，果形指数为0.99～1.16。蜜柚相对其他柑橘类品种表现为果大、皮厚、耐贮运，实际生产中能节约大量劳动力生产成本，从而提高了果农效益和增加了果农收入。

图2－5　果形

（2）内在品质。表现为肉脆化渣、汁多、香气浓郁，酸甜爽口，糯性及口感好，回味独特，品质优良。果皮中等厚，可食率为55%～60%，可溶性固物10.5%～15.5%，100ml果汁可滴定酸为0.3～0.6g，固酸比为18～25，100ml果汁维生素C含量55～76mg，还含多种氨基酸、蛋白质、维生素、叶酸、果胶、矿物质等，营养极为丰富，保健功能突出。具有降火、降血糖、降血脂，减肥美容，清热解毒、开胃消食、化痰止咳等功效。

2. 风味

风味主要由果实的糖酸含量来决定，其次为香气、口感等。一般糖酸比越大，风味越甜。井冈蜜柚糖酸比绝大部分为15～18，风味浓甜或酸甜适口，还伴有清淡香味，深受消费大众接受，因此市场前景广阔。目前国际市场习惯糖酸比为(8～12)：1为标准，8：1则甜酸可口，10：1优良，12：1为最好，井冈蜜柚远超过了这一标准，风味极优。

（四）井冈蜜柚主栽品种果实检测报告

1. 井冈蜜柚检测结果汇总（表2-2）

表2-2　井冈蜜柚检测结果汇总

指标\品种	总糖（%）	总酸（%）	可溶性固形物（%）	固酸比	维生素C（mg/100g）	钾（mg/100g）	钙（mg/100g）
桃溪蜜柚	9.12	0.6	12.4	20.7	87.3	222.37	5.81
金沙柚	8.39	0.51	11.9	23.3	80.1	155.34	7
金兰柚	7.66	0.5	11.9	23.8	85.2	199.66	5.13
泰和沙田柚	9.79	0.18	11.9	66.1	93.9	180.68	6.66

（1）检测单位。江西省无公害农产品质量监督检验站。

（2）检测时间。2016年1月26日。

（3）总糖、总酸、可溶性固形物、固酸比等检测方法，GB/T 8210—2011。

（4）维生素检测方法。GB/T 6195—1986。

（5）钾检测方法。GB/T 5009.91—2003。

（6）钙检测方法。GB/T 5009.92—2003。

2. 吉水县优良金沙柚品质检测结果（表2-3）

表2-3　吉水县优良金沙柚品质检测结果

指标\品种	总糖（%）	总酸（%）	可溶性固形物（%）	固酸比	维生素C（mg/100g）
金沙柚6号	9.59	0.56	14.0	25	69.0
新坑07-10	10.4	0.58	13.5	23.3	60.2

（1）"新坑07-10"是在吉水县白水镇从金沙柚中优选的单株，表现果形整齐、品质更优、耐贮性更长、丰产性好。

（2）检测单位。江西省无公害农产品质量监督检验站。

（3）检测时间。2013 年 11 月 26 日

（4）总糖、总酸、可溶性固形物、固酸比等检测方法。GB/T 8210—2011。

（5）维生素检测方法。GB/T 6195—1986。

3. 井冈蜜柚性状品质检测报告（表 2－4）

表 2－4　井冈蜜柚性状品质检测结果

品种	桃溪蜜柚	沙田柚	金沙柚	金兰柚	文旦柚
单果重（g）	1 091.2	873.6	723.9	700.2	1 158
横径（cm）	13.5	11.6	10.6	11.35	12.6
纵径（cm）	16.03	13.7	12.5	12.08	13.1
皮厚（cm）	1.81	1.23	1.2	1.06	1.06
囊瓣数	13.7	13	13.6	12.5	14
果皮（RL）	84.67	67.83	73.98	82.05	78.39
果皮（Ra）	1.65	1.68	3.27	0.11	2.47
果皮（Rb）	14.1	39.98	44.21	23.75	36.62
果肉（FL）	43.96	49.86	45.65	50.05	44.73
果肉（Fa）	-1.2	-1.31	-1.32	1.12	-1.24
果肉（Fb）	-1.72	2.04	0.22	1.29	0.3
可溶性固形物（%）	11.9	14.1	10.8	10.4	10.9
可滴定酸（%）	1.11	0.38	0.69	0.59	1.24
维生素 C（mg/100g）	74.24	125	63.86	53.5	44.21
可食率（出汁率）（%）	48.72	50.86	53.51	63.79	71.08
果皮重（g）	526.8	318.23	323.9	241.1	328
种子重（g）	31.58	44.08	10.8	12	10.6
种子数（饱满＋瘪子）	68.67	125±25	45±6	44.5	36
风味	酸甜适口	甜、水分较少	清甜、有苦味	清甜、有苦味	酸甜适口
果面状况	黄色、着色均匀、果面光滑	黄绿色、着色不均匀、果面光滑	黄色、着色均匀、光滑	黄绿色、有褐斑、着色不均匀	黄色、着色均匀、光滑

第三章　井冈蜜柚栽培所需的环境条件

井冈蜜柚生态习性是蜜柚与环境条件长期相互作用下形成的固有适应属性，充分了解把握环境因子与蜜柚之间关系，才能有的放矢采取对应技术措施，促进生长发育良好，实现蜜柚优质安全高效生产。环境条件主要包括气候因子（温度、水分、光照、空气）、土壤因子、地形地势、生物及人类活动等因子。

一、气候条件

蜜柚适应性强，分布广泛，我国南方广东、广西壮族自治区、福建、海南、四川、重庆、江西、浙江、中国台湾等多个省（区、市）均有栽培。原产温暖湿润的气候和阴蔽环境，形成了不耐低温、较耐阴、根部好气好水、怕寒风的特性。

（一）温度

温度是环境条件中最主要因子，它不仅决定能否种植，还对其生长、结果、品质起到限制作用。同一品种，气温有差异的两地其成熟时间有先后，品质也有所不同。如吉州区以南的遂川县、万安县、泰和县就比偏北的新干县、峡江县、永丰县等早5~7天成熟，同期成熟的蜜柚南边的可溶性固形物要高出1%以上。

1. 井冈蜜柚生长最适温度

井冈蜜柚是性喜温暖、较耐阴、对温度特别敏感。最适生长温度为25℃左右（23～34℃均适宜生长），在12.8℃以下时其枝梢、根系都会停止生长，最低能耐﹣5℃短期低温，在温度过低或者低温持续时间长时，则会遭到不同程度的冻害，最高温度达到39℃以上时就会全面停止生长。

2. 井冈蜜柚对年平均温度和有效积温要求

绝对低温决定其分布，而年平均温度和有效积温则决定它生长和发育好坏，影响其品质和产量。要求年平均温度为17.5℃以上，≥10℃的有效积温5 800℃以上，最冷月（1月）平均气温要达到7℃以上，满足以上温度条件，井冈蜜柚才能正常生长发育和表现出优良品质、丰产性。

3. 温度对井冈蜜柚影响

（1）对生长发育影响。温度过高过低都有影响，气温过低井冈蜜柚停止生长发育、受冻，甚至死亡；过高也会停止生长发育，甚至死亡。在吉安春、夏、秋气温适宜，则抽发春梢、夏梢、秋梢，冬季温度低停止生长不抽梢，近年来，由于暖冬气候，部分年份也在11月抽发冬梢，使柚树推迟冬眠而易受冻害。土温12℃左右井冈蜜柚根系开始生长；23～31℃时根系生长、吸收功能最佳；土温19℃以下，根系生长弱，伤口不易愈合和发根；土温超过37℃时根系生长微弱或停止生长；土温达40℃时，根系开始出现死亡。

（2）对开花结果影响。温度越高（20℃以上）明显促进现蕾与开花，但过高会使花器发育不健全和结实不良。因此，开花期遇高温，如连续3天的33℃以上温度，会造成坐果率低，生产中常采用喷水降温。盛花期常遇低温阴雨天气，易造成授粉受精困难影响结果。

（3）对果实品质影响。在一定限度温度（12～35℃）内，温度越高昼夜温差越大，有效积温越高，果实含糖量高而酸少，纤维含量减少，酸甜爽口，汁胞脆嫩，果实色泽较淡，果皮薄。

（4）对病虫害发生影响。适宜的温度使病菌、害虫迅速繁衍、为害加重。一般情况，低温与高温都抑制病虫害发生和活动，如红蜘蛛，当气温超过33℃时，大量死亡，为害明显减轻，7—8月高温期很少发生。而井冈蜜柚春梢和秋梢期，温度适宜病虫发生，为害较重，是蜜柚病虫害防治的关键时期。

（二）光照

井冈蜜柚喜光，耐阴性较强，光照强度对蜜柚栽培的限制作用次于温度、水分和土壤等环境条件，但光照仍然是进行光合作用和制造有机物不可缺少的光热能源，要实现优质丰产仍需较好的光照。

1. 井冈蜜柚适宜的光照

井冈蜜柚属短日照果树，喜漫射光，较耐阴，光照过强或过弱对其均不利，如高山谷地、丘陵北坡地背光，生长和结果均受不良影响。一般以年日照1 200～1 500h最宜。

2. 对井冈蜜柚影响

井冈蜜柚不同生育期对光照要求不同。休眠期较生长期萌芽、开花、枝梢生长和果实着色成熟期需光少、耐阴；营养器官较生殖器官较耐阴，因而开花、结果及果实成熟期需要充足阳光，若光照不足，会造成坐果率低、果实变小、着色变差，酸高糖低。

光照不足或过强，都会带来不利影响。光照不足，特别是建园时栽植过密，树冠交错严重遮阴，或者是幼龄蜜柚园间作高秆作物时，或者周边幽闭，都会使叶片变平、变薄、变大、变淡，造成发枝率降低，枝梢细长，组织不充实，落叶枯枝多，树冠内膛枝梢死亡，花芽形成不良，落花落果严重，降低果实产量和品质。反之，光照充足，则叶小而厚，含氮、磷较高，枝叶生长健壮，花芽分化良好，病虫害减少，易高产，果实着色良好，能提高糖和维生素 C 的含量，耐贮性强。夏秋季光照过强还会造成向阳处果实和暴露的大枝干产生日灼，果实局部组织枯黄，甚至落果，注意加强防范。

3. 对病虫害发生影响

光照与气温、湿度等条件紧密相联，光照条件好的蜜柚园，不会出现郁闭现象，湿度低，植株健壮，抗病抗虫。日照差、树冠郁闭易发生脚腐病、流胶病、炭疽病、烟煤病和蚧类、粉虱等。日照过强易发生日灼病，早春日照时数多时，树冠中上部的外围枝叶片上虫口多并发生早。

（三）水分

据分析，井冈蜜柚枝、叶、根中的水分含量为 50% ~ 75%，果实中水分含量达 80% 以上。同时，井冈蜜柚是常绿果树，一年多次吐梢，果实生长期较长，枝叶生产量大，生长发育过程中要消耗大量水分，还有井冈蜜柚树体、树冠、叶幕面积、叶片气孔都偏大，水分蒸发量也大喜湿润气候。适宜的降水和湿度有利其生长发育和产量品质的提高，一般年降雨量以 1 200 ~ 1 800mm、空气相对湿度 75%、土壤相对湿度 60% ~ 80% 为宜。吉安市各地基本符合以上要求，但降水量分布不均匀，4—6 月降水量较大，需排渍；7—9 月水分蒸发量大、枝梢果生长量也大，需浇灌补充水分。总体做到旱能灌涝能排，满足蜜柚生长发育的水分需求。

1. 井冈蜜柚水分需求重要性。

（1）水分是细胞原生质的主要组成部分。经测定井冈蜜柚树体中水分占有量达 80% ~ 90%。

（2）水分是井冈蜜柚光合作用不可缺少的原料。蜜柚生长与果实品质都离不开光合作用，叶片光合作用是用水分和二氧化碳为原料，合成碳水化合物，然后在许多酶的作用下转化成各种有机营养物质，这些过程也离不开水的参与，因此，水分也是有机物合成中不可缺少原料。

（3）水分是井冈蜜柚生理代谢的介质。井冈蜜柚生长发育过程各种生理代谢活动都在有水环境下才能正常进行。例如，土壤水分充足时，根系才能正常吸收矿物营养；树体内矿物质和有机物等只有呈水溶液状态时，才能由输导组织运输；细胞组织中各种生化反应、离子与气体交换等过程都必须在水中进行等。

（4）水分能调节井冈蜜柚树体温度。通过树体水分变化来调节温度，保持树体温度相对平衡。在高温条件下，通过气孔以气体形态散失水分消耗热能降低树体温度；在寒冷环境中，水分降温可释放大量的热量，使树体温度下降变缓，达到抵抗冻害效果。

（5）水分能维持井冈蜜柚细胞和组织的紧张度，保持其固有形状。尤其是使叶片和幼茎等器官保持一定的形状，否则，萎蔫无形。

2. 水分影响井冈蜜柚生长发育

降水过多，水分太充足，加上雨水分布不均，造成土壤积水，根系吸收功能减弱，甚至烂根，引起枝、叶黄化，花、果脱落，严重时植株死亡。花期至第二次生理落果期，如遇阴雨连绵，会影响开花授粉受精和幼果内源激素的产生，引起落花落果，降低坐果率。长时间干旱造成水分不足，抑制根系、新梢和果实生长，削弱树势，甚至造成卷叶、落叶、落果降低产量与品质，严重时果实变小，果汁少，糖低酸多，品质下降，产量减产。9月下旬至11月遇适度干旱，花芽分化量增加，翌年无叶花多。秋冬严重干旱，还会直接威胁幼龄井冈蜜柚安全过冬。

3. 水分因子诱发井冈蜜柚病虫害发生

高温高湿易发病虫害，如疮痂病、溃疡病、炭疽病、脚腐病、流胶病、吹绵蚧、潜叶蛾等。湿度大时，花蕾蛆为害严重，常常山地蜜柚花蕾蛆为害轻，是湿度相对较小的原因。春夏雨季时应加强病虫害防治。

（四）风

1. 井冈蜜柚喜微风

微风可防止冬春霜冻和夏秋高温为害，增强蒸腾和光合作用，促进根系的吸收和输导，改善果园通风状况，降低温度，减少病虫害；采收时微风可降低果皮表面水分（如露水、雨后表皮水分等），减少果品的腐烂，有利保鲜贮藏。

2. 井冈蜜柚怕寒风、强风

强风、台风不仅打碎、打落叶片和果实，还会折断枝梢，减产严重，甚至连根拔起蜜柚毁园。冬季北风、寒风伴随低温寒冷，加剧冻害。大风还会削弱光合作用，加速土壤水分蒸发造成干旱，影响授粉、诱发螨类（锈壁虱）大量发生，引起的机械伤导致病虫害发生。干热风导致落叶、落果。因此，蜜柚建园选地时应尽量避免谷地、北坡，建设防护林等措施减轻风害。

二、土壤条件

（一）井冈蜜柚最适宜的土壤条件

井冈蜜柚对土壤的适应性广，红壤、黄壤、紫色土、沙壤土均可生长，但是土壤条件的优劣直接影响根系的生长和分布，间接影响蜜柚产量和品质。最适宜的土壤是土质疏松肥沃，有机质含量丰富（2%以上），全氮含量0.1%～0.2%，全磷（P_2O_5）

含量 0.15% ~ 0.2%，全钾（K_2O）含量 0.2% 以上，土层深厚（1m 以上），透气性好，排水良好，地下水位低（≥1m），微酸性 pH 值 5.5 ~ 6.5。

（二）井冈蜜柚对土壤适应性较广

如红壤、黄壤、紫色土、冲积土以及壤土、沙土、沙壤土、砾壤土、黏壤土均能生长，但以土壤深厚、疏松肥沃为佳。对土壤酸碱度适应范围大，在 pH 值 4.8 ~ 7.5 内均可栽培柚树，但以 6.0 ~ 7.0 微酸性土壤为佳。全市绝大部分蜜柚园 pH 值为 4.0 ~ 5.6，整地回填时，需要撒施生石灰中和酸性，一般每亩撒施 50kg，并根据土壤类别的酸度不一样，在栽培管理期间，每年还要继续撒施适量生石灰中和土壤酸度，但紫色土不需施生石灰。

（三）土质对果实影响

土壤酸、黏、板、瘦，不宜柚树生长，果实品质也差。沙质土，保水保肥力差，树势弱，果皮薄滑，着色早，酸少味甜；土壤深厚而黏度适中、透气性好，保水保肥力强，树势旺，果大，皮粗厚，酸味浓，耐贮藏。土质太黏重，土壤透气性差，根系生长不良，也造成柚树生长不良、果实小而偏酸。

三、地理条件

（一）地理条件影响气候环境

地理条件如海拔高度、地形、坡度和坡向等因子，影响着蜜柚生长的光、热、水条件。

海拔高度每升高 100m，气温下降 0.6℃，而降水增加 30 ~

50mm，光照增加4.5％；在同一纬度上，海拔高低气候差异大，影响蜜柚的成熟期和品质。

地形对柚树的影响可从整体（宏观）和局部（某种地形）上分析，江河、湖泊的大水体作用，可降低柚树的冻害程度，如吉安市的万安水库库区、分布在各地的水库周边，均有发展井冈蜜柚的较好小气候。从局部而言，地形可分为低丘、高丘、山地和河滩地等，低丘，与平地相似，坡度缓，温、光、热变幅小，适种蜜柚，高丘，介于低丘与山地之间，温、光、热条件因坡度大小而异，高丘和山地的坡度越大水土流失越严重，但光照充足、空气流畅、排水透气性好，适宜蜜柚生长、不宜机械化操作。

坡向不同，光照强度、水分蒸发量、风害、冻害及干旱都不一样，东北面和北面易冻、西面易冻和易产生日灼。在吉安市丘陵山地的南面、东南面及西南面坡向栽植井冈蜜柚气候环境最佳。

（二）井冈蜜柚适宜的地形地势

适宜在海拔300m以下，25°以下山坡地、丘陵地（其土质好、通风透气、光照充足）。坡向为朝南、东南、西南的坡面，有逆温层的中坡、中上坡位置更佳。土质疏松肥沃、地下水位高、排水通气性好、北面有山或防风林等其他障碍物、旁边有大型水体的平地或河滩洲地也较适宜。山谷地冷气停滞且易积水，北坡地容易受风害，这些地方都不宜种植井冈蜜柚。

四、污染源及其预防

（一）主要污染源

由于工业化和城镇化发展，以及农业现代技术的应用，环境污染源主要有化学肥料、农药、激素、保鲜剂、农膜，重金属（砷、铬、铅、镉等），有毒的工业废气、废水、废渣，煤炭矿产粉粒，废弃家用电器、电池等复杂复合物，畜禽、水产养殖业的污染物，还有大气中 PM 2.5（空气尘埃），微生物，受污染的生产农具、产品包装物，医院及生活、建筑垃圾等。

（二）预防措施

（1）井冈蜜柚建园选地时，首先考虑远离工厂、养殖场、砖瓦厂、矿场、医院、居民生活区，选择周边生态环境优良的地方建园。考虑到公路运输尾气、运输散落的外来物种如病虫源等污染因素，也要远离 1 000m 以上。

（2）生产栽培中环境条件、空气质量、土壤环境质量和灌溉水质量必须符合中华人民共和国发布的农业行业标准 NY 5016—2001。

（3）严格按照国家无公害（绿色）食品标准要求，不得使用高毒、高残留的国家禁止使用农药［如六六六、滴滴涕、甲胺磷、甲基异硫磷、克百威（呋喃丹）、灭多威、氧化乐果、三氯杀螨醇等］，同时使用农药防治病虫害应符合"农药安全使用标准"（GB 4285）和"农药安全使用准则"（GB/T 8321）的所有要求。严格控制安全间隔期、施药量和施药次数，注意不同作用机理的农药交替使用和合理混用，避免产生抗药性，推广高效、低毒、低残留、环境友好型农药，优化集成农药的轮换使用、交替使用、精准使用和安全使用等配套技术。

（4）不使用含氯的化肥、不滥用化学肥料，提倡使用商品有机肥和腐熟农家肥替代化肥。

（5）选择使用安全的生长调节剂、除草剂和保鲜剂等。

（6）生产过程中采用果实套袋技术，让果实隔绝污染源的直接接触，减轻污染。

（7）在果品生产、分级包装、贮藏、运输中注意农具、包装物与污染源隔绝及清洗消毒，不使用化肥袋装蜜柚，以便造成二次污染。

（8）禁止建筑垃圾、工业垃圾、生活垃圾和未经充分发酵处理的畜禽粪便倾倒到井冈蜜柚基地或果园中。

第四章　井冈蜜柚健壮苗木繁育

一、井冈蜜柚嫁接苗培育

（一）育苗准备工作

1. 选好地

苗圃地应选择平坦、向阳、交通方便、靠近水源的地方，排灌条件良好、具有隔离条件、远离柑橘类植物 3km 以上的地方，同时注意选择无污染、远离病虫害的环境。土壤以结构疏松、富含有机质的沙壤土、壤土为宜，土壤以微酸性（pH 值 5.5 ~ 6.5）为宜。黏重土壤因透气性差、易板结，不利苗木根系生长，不宜作为蜜柚苗圃地。

2. 规划好功能区

苗圃应进行规划，分区安排，包括下列几个部分。

（1）采穗区。采穗区的采穗树必须是从优良母本树上采穗繁育经过检测无毒的采穗树，或经脱毒后培育的无毒苗作母本树。从无毒母本树上采穗繁育经过检测无毒的采穗树，每株采穗树必须检测挂牌标记，母树和采穗树必须实行防虫网棚隔离保护。

（2）繁殖区。分为砧木培育区及嫁接苗培育区，砧木培育区包含砧木种籽播种床、砧木苗培育圃，嫁接区培育嫁接苗。繁殖区的土地应是土层深厚，富含有机质，土壤疏松、结构良好。

（3）轮作区。苗圃地必须轮作，播种地应轮作一年，嫁接区应轮作两年。轮作可减少病害、杂草，苗木生长更好些。轮作物以豆科作物为主，如大豆、印度豇豆等，能增进土壤肥力的作物较好。由于前茬苗子残留在土壤中的根系腐烂会产生的毒素，对后茬苗木生长的影响大，须根少，所以，有条件的实行水旱轮作，减少毒素为害，也有利于减少病虫害源。

（4）附属设施。专业性苗木繁育基地应规划田间道路（包括人行道、车道）、蓄水池、蓄粪池及排灌系统，在风口处种植防风林。另外如苗木包装场、种苗消毒室，接穗贮藏室，工具保管室、办公室等，凡非生产性设施，应建设在位置适中、不占耕地的地方。

（二）如何培育好健壮的砧木苗

1. 砧木种类选择

应是种性纯正、生长健壮、适应当地自然条件、抗逆性强、砧穗亲和力强，井冈蜜柚选择的主要砧木为枳和本地酸柚，但以枳砧为主，很少用酸柚。

枳砧与本地酸柚砧的区别如下。

枳砧亲和力比本地酸柚砧略差，成年树会出现砧木部位（树蔸）大、主干小现象，树冠相对矮化开张，生长势强，结果早，丰产性强，抗寒性强，因根系浅吸收能力相对弱，在盛产期易出现缺素或早衰现象。

本地酸柚砧柚树，砧穗亲和力强，相对树冠高大，生长势强旺，抽梢能力强，抗寒性差，但幼树期形成结果枝的能力弱。

2. 苗床整地

精细整地，全园进行一次深翻，深度40cm左右，使土壤疏松。作畦，畦宽1m左右，畦高20cm，畦沟宽30cm。

每亩地施腐熟的有机肥3 000～4 000kg（或油菜枯饼250～

300kg)，磷肥 50kg，酸性土加施石灰 50 ~ 100kg，旋耕于土中，发酵 40 天以后才可移栽砧木苗。

3. 枳砧苗播种与管理

（1）采种。分二期采种。

第 1 期在 7 月中旬进行，采摘枳幼果取嫩籽播种，随采随播。嫩籽播种的优点是发芽率高，苗木健壮，次年早春就可移栽，砧木苗生长势强，基部粗壮，嫁接成活率高，缺点的基部短刺多而密，不方便嫁接操作。

采集的果实要及时取种，种子要清洗干净。种子外皮有胶质，可包在麻布里搓洗，但不可用力过猛，以免种皮破裂。

第 2 期是冬季采摘已经充分成熟的果实。老籽播种的砧木苗基部光滑、刺少，方便嫁接操作；但因为当年生长时间短，砧木苗基部生长慢，管理难度大。

将采集洗净的鲜湿种子，阴干或在弱阳光下晾至种皮发白，互相不黏着为度，晾干的过程中要经常翻动。切忌过度干燥，影响发芽能力。

枳种子没有休眠期，大棚条件下，进行冬季播种，随采随播。也可贮藏到早春播种，支塑料小棚保温促进发芽。

（2）播种。

①种子的处理。为减少苗期病害，还可用含 1.5% 硫酸镁的 35 ~ 40℃ 温水浸种 2h；或 0.4% 高锰酸钾溶液浸种 2 小时。为减少白苗的发生，可用浓人尿加 3% 过磷酸钙浸种 24 小时，然后播种。

②播种方法。种子用撒播或横行条播，根据土地的大小，称准播种量，均匀播种。播种后用小竹签把靠在一起的种子稍加拨动，使种子分布均匀，然后盖上沙土。沙土厚度以盖住种子为度，切勿过厚。上面用稻草覆盖，盖密土面就行，不宜过厚。然后充分浇水。

冬季和早春播种后，如果用塑料薄膜覆盖，可以提早 20 天发芽，移植期可以提前 30~40 天。方法是把竹子弯成拱形，两头削尖，插入土里作为支架，上面覆上薄膜，以提高温度和湿度。当苗床温度超过 36℃ 时，必须将薄膜的两端揭开，通风降温。3 月气温回升后，揭开薄膜。

（3）播种苗的管理。种子播下后要适时浇水，保持土壤湿润。等到大多数种子萌芽出土后，分 2~3 次逐步揭去所覆稻草，至苗出土 1 个月后，把稻草全部揭除，防止幼茎弯曲。不能过早揭去稻草，否则，会使土面板结，如遇干旱，嫩叶叶尖易干枯，影响幼苗生长。

幼苗期易患立枯病，在发生 3~4 片齐叶前，应减少浇水，停止施肥，以后勤施薄肥，浓度可随苗木生长，逐步提高。

苗出齐后，拔除病苗、细弱弯曲劣苗和品种混杂苗，间拔过密苗。

4. 砧苗栽植与管理

（1）砧木苗的移植。吉安市枳砧苗一般在春季进行。嫩籽播种苗可在 2 月移栽。冬播或早春播种苗，在嫩苗茎木质化后（一般在 4 月底至 5 月初）就可移栽。

播种圃起苗前，要充分浇水，使苗床湿透，然后移苗，以免伤须根。要选苗分级，先剔除病苗、弱苗，再把苗木按大、中、小分三级，分开种植，使其整齐一致，便于管理。

移栽的密度和方式，应根据习惯和嫁接方法而定，以有利于嫁接操作和嫁接苗的管理为原则。目前一般采用行距 25cm、株距 5cm 栽植。

苗木栽植的深度以达到根茎部为宜，过深不易长根，过浅易受旱、倒伏。苗木要栽直，苗根要伸展，土要压实，特别要注意根系与土紧密结合，防止面层紧实、里面没压紧土的现象，然后浇水。种后每 2~3 天浇水 1 次直至成活。移苗最好在阴天、雨天或雨后。土壤过湿时不宜移苗。

（2）砧苗栽植与管理。苗成活后，要及时检查，死苗要及时补上。

移植 20 天以后，可浅松土，施薄肥。移栽苗茎部离土 10cm 以下的萌蘖宜及时除去，保持茎部光滑，便于嫁接。夏梢生长停止后，可摘心，促进茎部加粗。

施肥。促进砧木小苗迅速生长、达到嫁接要求，掌控好施肥是关键。首先是确保底肥充足：施足质量较好的有机肥料，以促进茎部粗大，根群发达。若基肥不足，以追肥为主，会出现砧木苗仅长高，而茎部粗度不够、达不到嫁接要求的现象。二是追肥：幼苗成活至嫁接期间，至少追肥 4 次；在幼苗成活后（移栽后 15 天左右），就要进行第一次追肥，肥料以速效性氮肥为主，如将尿素按 0.2% 溶入水中施下，沼气液肥最佳。之后每 15~20 天追肥一次，亩施 4~7.5kg 复合肥，结合除草锄入土中。

水分管理。5—6 月雨水多，要确保田间及时排水。7 月后进入高温干旱季节，又是砧木苗快速生长季节，必须确保田间水分充足；一般采取在苗圃地畦沟灌水（不漫上畦面），既满足根系水分，又不造成畦面土壤板结；有条件的地方采用微喷节水灌溉，效果极佳。

除草。由于砧木苗小，露地多，肥料足，杂草生长快而多。一是勤锄浅锄，既除草又松土。二是覆盖，使用谷壳、花生壳等覆盖 3cm 厚，可较少杂草生长，又防止土壤板结。三是化学除草，在杂草幼嫩期间，可使用 10.5% 盖草能 20ml 或 10.8% 精喹禾灵 20ml 对水 15kg 喷雾灭草，喷药时，在喷头上加个防护罩，尽量使药液不喷到砧木苗上，防止产生除草剂药害。

主要病虫害。枳砧苗的主要病虫害是立枯病、红蜘蛛和潜叶蛾，要及时防治。

（三）苗木嫁接几个关键环节

1. 采集品纯质优的接穗

为了确保井冈蜜柚苗木的品种纯正、无检疫性病虫害，所采接穗必须在市果业局指定的采穗圃采用。采穗应在进入盛果期树的树冠外围中上部取老熟、健壮的当年生营养枝，以晚夏梢和早秋梢为主，每枝应有 5 个以上有效芽。

从外地引进接穗，除应严格要求品种纯正外，还必须从非疫区引入，并经植检部门检疫，取得《植物检疫证书》后方能引入。严禁使用未经检疫的接穗、或病虫为害的枝条作接穗。

2. 接穗储藏

接穗随采随用，嫁接成活率高，只有在特殊情况时才贮存备用。

接穗保持湿润并在 8～13℃ 的条件下，可贮藏 10 天左右。方法是：用平底容器（如大洗衣盆），加水 2cm 后，再将接穗扎成小把，竖立水中，然后用薄膜盖在接穗上，连盆一起包住保湿即可。也可用冷藏柜保湿，更便捷。

3. 嫁接时期、方法

（1）嫁接时期。吉安市井冈蜜柚苗木嫁接以秋季为主，春季为辅。

秋季嫁接从 8 月下旬开始，一般在 10 月中旬结束，采用芽苞片腹接法。春季嫁接一般在 3 月中下旬进行，采用单芽切接法。

凡气温在 20～34℃ 可嫁接，日平均温度在 12℃ 以下，最高温度在 37℃ 以上时，愈合组织基本停止生长，嫁接成活率低，应停止嫁接。

（2）嫁接技术操作。

①单芽腹接法。用成熟晚夏梢或早秋梢作接穗，将嫁接刀的

后1/3放芽眼外侧的叶柄与芽眼间或叶柄外侧，以20°沿叶痕向叶柄基部斜切一刀，深达木质部，取出刀后用刀在芽眼上方0.2cm处与枝条平行向下平削，当削过与第一刀的切口交叉处时，用拇指将芽苞片压在刀口上取下芽片；待嵌芽。芽片长0.7~1cm，宽0.3cm左右，接芽削面带有少量木质，基部呈楔形。

在离地面一定高度（苗圃砧木在离地面7~10cm），在砧木的腹部作切口。切口部位选择东南方向、光滑的部位，刀紧贴砧木主干向下推压纵切一刀，切口由浅至深，恰削至木质部，切口长1.5cm左右，比接穗略长，将削下的切口皮层切掉1/2左右，使皮层不遮盖接穗的芽眼为度，接穗下端应与砧木切口底部接触，砧木、接穗的皮层、形成层相互对准后，用聚氯乙烯条带包扎。秋季腹接时应将接芽全包扎在薄膜内，5—6月腹接时，可作露芽包扎，仅露出芽眼处（图4-1）。

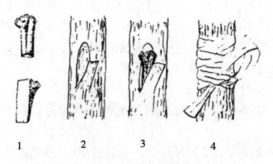

1   2   3   4

图4-1 单芽腹接法

1. 芽削接穗   2. 砧木切口   3. 嵌接穗   4. 薄膜包扎

②切接法。是指在嫁接时将接口以上的砧木剪除的嫁接方法，切接法一般在春季应用。春季切接受春季多雨和温度多变的影响，嫁接时间短，成活率偏低。

切接的接穗用单芽，称单芽切接。砧木应于嫁接前1~2天，在离地 7 ~ 10cm 处剪断，使砧木多余的水分蒸发，以防嫁接后接口水分过多影响成活。在砧木光滑面切口，以只切到形成层为宜，在砧木切口的上部将刀口朝下内斜拉断砧木，断面为光滑斜面，砧木切口在砧桩低的一侧，切口长度与接穗有关，接穗用单芽（即单芽切接）时，砧木切口比接穗略短，芽露出接口；接穗用芽苞时，切口与芽苞片等长，将砧木切口切下的皮层削去 1/2 ~ 2/3，以不包住芽眼为准。插入接穗后，接穗下端短削面应与砧木切口底部接触，砧、穗形成层互相对准，用薄膜条露芽包扎（图 4 - 2）。

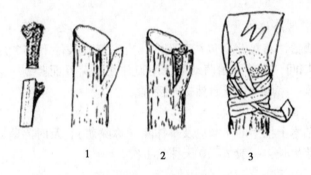

1　　　　　　2　　　　　　3

图 4 - 2　单芽切接法

1. 砧木切口　2. 嵌接穗　3. 薄膜捆扎

（四）嫁接苗管理

1. 检查成活、补接

秋季芽接在 7 ~ 10 天后就可检查成活率，可及时补接，或在春季剪砧时进行切接补接；春季切接 10 天左右检查成活率并进行补接。

2. 施春肥

入春后，苗圃地全面除草松土，施足基肥，每亩沟施复合肥

20kg，加腐熟枯饼肥 50kg 或有机肥 500kg，再覆土、清排水沟。

3. 剪砧

一般在 3 月中旬施肥后进行，凡秋季腹接的苗木应剪除砧木，从接口上 0.5~1cm 处剪除砧木，剪口必须光滑，避免压破砧木。

4. 苗圃地覆盖黑膜

有防治杂草生长的作用，且春季预防水分过多引起病害（特别的炭疽病）、夏秋季起到保水作用。使用原生黑膜（耐用），在剪砧后进行，平铺，将苗子从膜下压出来，再压好膜四边。

5. 解除接膜

腹接法将接芽全包在薄膜内，吉安气候条件下在 3 月 15—20 日期间，接芽开始萌动后，用刀片在接芽反面竖划一刀，切断薄膜，待嫩芽生长自然挺开接膜。

6. 除萌

砧木上抽生的萌蘖应及早抹除（称除萌），及时除萌以免影响接芽生长，一般 7~10 天抹除 1 次。

7. 抹芽

接芽萌芽后，要经常检查，对同时萌发 2 个以上芽的苗子，采取留强去弱、留直立去斜生的方式，每株留 1 个芽，其余抹除，以确保嫁接苗正常生长。

8. 摘心整形

当嫁接苗生长至 40~50cm 时，应摘心整形，摘心后促使在 30~40cm 处抽生 3~5 个分枝，摘心时间为 7 月上中旬；摘心前施足肥水，选留 3~5 个方向分布均匀的分枝外，其余剪除。

9. 肥水管理

在春季基肥充足前提下，生长期施肥要结合喷药，进行根外追肥。7 月上旬后进入高温干旱，在畦沟里灌水，自然滋润到畦面上，达到抗旱作用又不板结表土。

10. 苗圃主要病虫害的防治

井冈蜜柚育苗主要病虫害有炭疽病、潜叶蛾、凤蝶幼虫、蚜虫、红蜘蛛，应及时防治。

（五）嫁接苗出圃

1. 出圃标准

生产建园苗木，要求来源于无病母本园。苗木健壮、叶色浓绿、主干粗直，主干高 20～30cm。一般苗高 50cm 以上，嫁接部位离地面 10cm 左右，接口愈合良好，嫁接口上方直径 0.8cm 以上，具有 3 个分布均匀的主要分枝，根系发达，完整，根颈无扭曲现象，无检疫性病虫害。

2. 苗木分级

以苗木茎粗、根系、分枝及高度为分级依据，其中以茎粗为主要指标，共分两级，详见表 4－1。

凡苗木高度、分枝数量两项中的一项的级别高于或低于苗木茎粗级别一级者，按茎粗级别定级。凡苗木高度、分枝数量两项中均低于苗木粗度级别一级者或两项中有一项与苗木茎粗同级，均按苗木茎粗级别降低一级定级。

表 4－1　井冈蜜柚苗木分级表

种类	砧木	级别	茎粗	根系			分枝		高度	嫁接口高度
				主根长	侧根数	须根	数量	长度		
井冈蜜柚	枳、酸柚	1	0.9cm	15～20cm	3～4	发达	3	>15cm	>55cm	7～10cm
		2	0.8cm	<15cm	3～4	发达	2	>15cm	>50cm	

3. 苗木检验、检疫

（1）苗木检验。

苗木茎粗。以卡尺测量嫁接口上方 3cm 处直径。

分枝数量。以苗木主干离地 35cm 高度处，抽出长度在 15cm 以上的一级枝计算。

苗木高度。从地面到苗木茎的顶端。

嫁接口高度。从地面到嫁接口处。

（2）苗木检疫。苗木出圃前应执行 GB 5040—2003《柑橘苗木产地检疫规程》，按国家《植物检疫条例》办理植物检疫证书。严禁有检疫对象的苗木调入非疫区。

4. 起苗与包装

起苗前在苗场挂牌标明品种、砧木；起苗时以少伤根系为原则；苗木根系带泥团取出后去掉泥土，修剪受伤根系，主根长度留 21～24cm；起苗后按标准对苗木进行分级。

以每 50 株或 100 株为 1 捆，蘸上泥浆，用稻草包扎根系，苗木调运注意防日晒、风干和发热，着重保湿。

二、塑料大棚容器育苗

容器盛有养分丰富的培养土等基质，常在塑料大棚、温室等保护设施中进行育苗，可使苗的生长发育获得较佳的营养和环境条件。苗木随根际土团栽种，起苗和栽种过程中根系受损伤少，成活率高、缓苗期短、发梢快、生长旺盛，有利于提高井冈蜜柚建园成活率和成园率。

大棚容器育苗，集中管理，培养大苗移栽，不仅有利于减少柚树管理成本，还对防疫（黄龙病）、防病虫（潜叶蛾、红蜘蛛、溃疡病等）起到重要作用。该法还为机械化、自动化操作的工厂化育苗提供了便利。

（一）大棚设施建立

1. 场地选择

应选择地势平坦、背风向阳、水源充足、交通便利、电源可靠的场地。

2. 塑料大棚和荫棚

大棚长30~40m，跨度8m，顶高3.5 m，肩高1.8 m，3道纵拉管+4道卡槽，拱距0.8 m，棚管为Φ25×6，热镀锌钢管，先覆盖防虫网，再覆盖0.15mm厚防滴露强力膜为塑料大棚，覆盖尼龙网为荫棚。

3. 喷灌安装

棚内安装微型喷灌系统，棚内3条支管道沿大棚纵向平行装置分3个灌区，管距2.4m，喷头倒悬安装在3条支道上，喷头间距1.4m，喷头距地面高2m，一个灌区安装33~36个喷头，视培养土干湿、温度高低和苗情进行喷灌。

4. 常用育苗容器

育苗容器有2种：营养钵长、宽各10cm，高33cm；营养袋宽17cm、高28cm。均为聚苯乙烯、聚乙烯或聚氯乙烯支撑，底部和下部有4~6个洞孔供排水用。

（二）营养土配置

常用的原料有泥炭、腐殖质土、风化煤、蛭石、锯木屑、河沙、焦泥灰、淤泥、河塘泥、稻田表土、甘蔗渣、稻谷壳、以及磷、钾、钙、镁肥等。要根据各地的原料来源，因地制宜取用。下面介绍2个营养土的配方，供参考。

1. 常用配方

配方一：借鉴江苏太湖常绿果树技术推广中心的配方，是稻田表土和菜园土各一半，再在每立方米基质中，加入谷壳20kg，猪粪 150kg，三元素混配肥（即氮、磷、钾各 15%）2kg，菜子饼 5kg，生石灰 3kg 混匀而成。

配方二：砂质壤土与腐熟锯木屑，以 2∶3 比例混匀，每立方米混合土加粘饼粉 8～10kg，复合肥 4～5kg，尿素 1kg，钙镁磷 3～4kg，堆沤发酵 1 个月后，腐熟后装袋栽苗。

2. 新干县井冈蜜柚育苗营养土配方

先培养基质，配制方法为：牛粪 1m³，废菇料 0.5m³，油菜枯饼 100kg，另加硫酸钾复合肥 10kg、磷酸二铵 5kg，硫酸钾 2～3kg，堆沤密闭高温发酵 8 个月。

用稻田表土或旱地熟土，按 5～6m³ 土拌入 1m³ 营养基质，再加生石灰 3～5kg。

（三）育苗管理

1. 整地开畦

育苗地整平，开沟排水良好，畦面宽 50～60cm，长依地势而定。畦面整平后，上放 6～7 个容器，四周打桩并用铁丝围好，以固定容器，防止容器歪斜甚至倾倒。畦与畦之间沟深、宽各 20cm 左右。

2. 砧木栽植

砧木在长有 3～6 片真叶时移栽于容器内，栽时主根必须直立，须根分布均匀，栽后及时浇透定根水。砧木栽植在春、夏、秋三季均可进行。砧木种类主要选择枳砧。

3. 苗木管理

（1）砧木管理。由于容器苗木栽于一定空间的容器内，管理较露地苗木要精细一些。应做到勤施薄施肥水，要求 7～10 天施肥水一次。肥料可选尿素或复合肥，交替使用，浓度掌握在 0.5% 左右。病虫害防治主要是防治炭疽病、立枯病、螨类、潜叶蛾。

（2）嫁接苗木管理。当砧木苗木长至主干粗 0.5～0.7cm 大小时就可嫁接。枳砧嫁接部位在离根颈7～10cm处。嫁接方法、时间与露地苗木相同。嫁接后管理与常规育苗相同。

三、多年生大苗假植移栽技术

多年生大苗假植移栽技术，就是将井冈蜜柚裸根苗先移栽在土壤、水分、防寒等条件较好的地方精心培育，并在假植圃中修剪定干定型，培育1～3年后再将大苗带土团移栽到大田园地。

（一）多年生大苗假植移栽的重要意义

实施多年生大苗假植移栽技术，是井冈蜜柚高标准建园的重要技术之一，在吉安市已得到了大面积的推广应用，取得了良好成效，深受广大蜜柚种植户欢迎。主要有以下五大优点。

1. 节约土地

大苗假植移栽，将苗集中栽植，可以节约土地，达到培育大苗的目标，促进柚树生长良好。

2. 降低成本

大苗假植，集中管理，可以做到精细到位，减少用工、用药、用水，防寒便利，可节约生产成本（表4-2）。

3. 有利于柚树生长

一年生蜜柚出圃苗，在裸根苗情况下栽植，受大田土壤、环境（干旱、冻害）、管理（施肥、放梢、除草、防治潜叶蛾）是否到位的影响，直接影响到幼树生长。实施多年生大苗假植移栽技术，将一年生裸根苗集中在土地肥沃、排灌条件好、基肥充足的地块，满足幼苗生长所需各项因子，精心管理，精心修剪整形，有利于柚树正常生长。

4. 有利于园地开垦

因为集中在假植圃培育，有足够时间进行土地流转和基地开垦，可减少水土流失，有利环境保护；如果是已开垦的土地，可以让这些先栽种短期作物，既利于土壤熟化，改良土壤，又增加土地的利用效益。

5. 迅速成园见效

将培育了 1～3 年的大苗，带土团移栽到大田园地，成活率和成园率高，柚树幼树生长优良、健壮，抗寒力增强，减轻冻害，树冠易于形成，可迅速成园，有利于早日投产见效。

表 4-2   100 亩井冈蜜柚大田种植与营养袋假植
1 年后再移栽定植生产成本比较

生产内容	计算标准	假植圃		大田	
		用工天数	工资（元）	用工天数	工资（元）
合　计		12.6	1 008	78.5	6 280
追肥	按化肥撒施为例，假植圃全年 8 次，每次 1 小时，计 8 个工。大田全年 8 次，每次 2 个工，计 16 个工	8	640	16	1 280
整形修剪（抹芽、摘心）	全年 4 次，假植圃每次 0.5 工，计 2 个工。大田每次 2.5 个工，计 10 个工	2	160	10	800
防冻	遮阳网覆盖，假植圃 1 个工。大田 10 个工	1	80	10	800
除草	假植圃不用除草。大田中耕除草 4 次，每次 6 个工，计 24 个工	0	0	24	1 920
病虫害防治	全年喷药 8 次，假植圃每次用工 1 小时，计 1 个工。大田每次用工 2 个，计 16 个工	1	80	16	1 280
抗旱	以滴灌抗旱为例，全年 5 次，假植圃每次 1 小时，计 0.6 个工。大田计 2.5 个工	0.6	48	2.5	200

备注：1. 大田栽植株行距按 4m×5m 计算，共 3 300 株苗木，营养袋假植管理约需占地 0.5 亩；

2. 农工按 80 元/天

从上表可以看出，100 亩井冈蜜柚用营养袋苗假植 1 年后再进行大田定植，其生产管理成本至少可以减少 5 200 余元，而且还可以提早 1 年结果。因此，其效益是十分显著的。

（二）假植圃的建立

井冈蜜柚假植圃，要因地制宜建立，原则上是交通便利，排灌方便，地势高，且有利于冬季搭棚防寒。

一年生营养袋假植苗，需选择土地肥沃的地块，有利于配置营养土，2~3 年生假植圃，应采取高畦起垄栽植。起垄后，表层土质厚而疏松，根际土壤肥沃，有利于幼苗生长，而且又限制根系向外延伸生长，有利于大苗带土团挖苗。

（三）假植苗木栽植密度

栽种假植圃内的苗木距离，是根据苗木需要培育的年份长短而定。

培育 1 年的，为起苗方便，提倡一律使用营养袋假植，营养袋装满营养土并栽植好苗后，需每个袋紧密摆好，袋与袋之间空隙用土填满，每 6~7 行袋之间留一管理工作行，行间也用土护蔸，即培土在营养袋边上，以保存水分。

培育 2 年的，露地栽种的株行距离是 60~80cm。

培育 3 年的，露地栽种的株行距离是 100~120cm。

（四）假植圃管理

假植移栽的目的是培育优质大苗，在培育管理上要优于成年树的园地管理。

1. 尽量少松土除草

假植圃松土除草会造成泥土流失、肥分损失、保湿能力减弱等现象，不利于幼树生长。一般在苗木栽植后，先用黑色地膜覆盖；或用杂草覆盖，其保土、保肥、保温、保湿的性能很好，有利苗木生长发育，也可抑制杂草生长。

2. 注重整形定干

假植时，先按高 40～50cm 定干；新梢萌发后，按照变则主干树形进行树冠造型。选择 3 个不同方向的健壮新梢培育为第一级主枝，再在其上面生长的新梢上培育二级主枝和分枝，嫩梢期注意留 8～10 片叶摘心，促进分枝生长，使之培养成自然圆头形或自然开心型树冠。

3. 假植圃的施肥

一年生假植圃要达到培养早夏梢、晚夏梢、秋梢 3 次新梢为目标，二年生、三年生还要增加春梢生长，以促进树冠迅速扩大，一般每次梢施 2～3 次追肥，即萌梢前、萌芽后 10～15 天各追施一次肥，有条件在新梢转色时再追肥一次，施肥时，可以在小雨前后土壤湿润时进行地面撒施，采用液肥浇施。年施肥 6～9 次，保证叶色浓绿，枝梢强壮。

4. 病虫害防治

大苗培育过程中的病虫害，主要以红蜘蛛、潜叶蛾、凤蝶和炭疽病等为主，要注意经常观察检查，及时防治。

（五）假植大苗的起挖与运输

1. 一年生假植苗取运

由于采用营养袋假植，挖苗时比较快捷，只要注意铲除伸出营养袋的根系，即可顺利起苗。在搬运过程中，小心分层摆放，一般 3 层，以土团不散为宜。

2. 2～3 年生大苗挖苗的要求

（1）要尽量使大苗多带些根。尤其要留有较多的细根，使大苗在栽后提高成活率。一般三年生大苗保留 60～80cm 的土球，再捆扎草绳保护土球。

（2）大苗修剪。大苗挖掘与捆扎好以后，要将树冠的枯枝、病虫害枝以及影响树形的枝梢，进行认真的修理。若是土球散团，此大苗仅能作裸根苗处理，需重度修剪。

（3）大苗保护与运输。挖好的大苗，要整齐地排列，尽量避免土球破碎或有断枝断根的现象。途中运输可适当喷些肥水与遮阳，但要避免苗木发热。

（4）大苗及时移栽。大苗到了大田后，要及时地栽植；若是不能及时栽植，需要进行遮阳、喷肥水等保护措施。

第五章　井冈蜜柚生态建园

　　井冈蜜柚产量很高，要实现优质丰产，首先必须坚持高标准建园，其核心就是科学选址，适地适栽，疏松、腐化、培肥土壤，完善排灌系统和果园管理配套基础设施建设。

一、生态建园的概述

　　生态果园是通过植物、动物和微生物种群结构的科学配置，以及井冈蜜柚园内光、热、水、土、养分和大气资源等合理利用而建立的一种以井冈蜜柚产业为主导、生态合理、经济高效、能量流动和物质循环通畅的，一种能够可持续发展的果园生产体系，一个结构完整、功能完善、物质输出多样性、生物多样性的综合生产系统。这个系统能够自我调节、自我控制，无需大量农药化肥等外来投入，有益和有害生物和谐共存，经济效益、社会效益和生态效益得到高度统一和提高。

（一）建设生态果园的意义

1. 常规果园生态存在的问题

　　果园是一个人工生态系统，系统内的生物应该是丰富多样的，系统内外物质和能量应能够良性循环。但是，常规果园生产只注重对土地的使用和单一经营，轻视对果园土壤的养护、资源的综合利用，破坏了生态平衡。

在果园常规生产中，由于缺乏合理规划布局，致使对果园土地盲目开发、片面利用，造成资源配置不合理，不少果园缺乏必要的防护林、排蓄水工程和隔离带，生态系统脆弱，抵抗自然灾害的能力低下。同时，果园食物链逐渐由复杂多样向简单化演变，果园物种单一，许多果园生态组分简单，生态系统恶性循环。尤其是土壤微生物和天敌种群，由于生态因子改变和化肥农药的大量使用而日益减少，清耕带来的土壤裸露加剧了水土流失和天敌昆虫栖息环境的破坏，导致果园病虫害更加猖獗和果园生态环境恶化等。

常规果园为了防治有害生物，还大量使用化学农药和除草剂，破坏了自然界动物区系及昆虫、微生物与植物之间的生态平衡，有害生物抗药性逐渐增强，最终导致不少果园病虫草害频发，并形成药剂投入增加与害虫发生严重的恶性循环。

同时，化肥、农药、除草剂、生长调节剂等投入的增加和有机物料投入的减少，使果园能量输入由主要依赖有机能量转向依赖无机能量的投入，破坏了土壤团粒结构，污染了果园生态环境，给果园埋下了严峻的生态隐患。

2. 发展生态果园的意义

（1）生态果园建设促进果树产业可持续发展。可持续性发展需要保持资源的供需平衡和环境的良性循环，可持续发展的果园经营新模式，是追求果树产业的经济持续性和高效性。

井冈蜜柚生态果园综合运用系统工程方法和现代生态农业技术，对传统果园的单一生产系统进行生产链加环和食物链延伸，对果园的生物种群结构进行优化配置，使果园生产系统在生态上合理、物质循环畅通、经济上高效、环境更优美。生态果园是一个生态持续性与经济持续性相统一的生态经济系统，是新型的现代果园模式，它可以促进果树特别是井冈蜜柚产业的可持续性发展。

（2）改善果园生态环境，提高果品质量安全性。生态果园主要利用井冈蜜柚本身的抗性，防治病虫害，或利用天敌、微生物制剂取代农药，或以套袋、诱杀板、捕虫灯等物理方法防治病虫害，并以有机肥取代化学肥料，从而减少农药在环境中的累积，减少肥料流入河流、湖泊、水库等而引起富营养化，有效减少农业面层污染。

生态果园讲求混作、间作、轮作，土壤覆盖比较完全，可避免雨水直接冲刷，而且使用有机肥能够增加土壤渗透力及保水力，可有效防止水土流失。

（3）提高果园整体效益。保护和改善生态环境是由生态果园的特点所决定的，生态果园比常规果园有更高的生态效益，来自生态果园的果品质量安全、优质、无污染，生态果园注重使用果园自己转化的有机肥，注重病虫害的生物防治与生态控制，农药化肥使用量大量减少，虽然劳动力投入有所增加，但总体生产成本并没有增加。此外，通过发展生态果园可产生有机果品，而有机果品市场前景广阔，价格高，经济效益显著。

（二）建设生态果园的原则

1. 构建起一个完整的"生物链"

生态果园是个多因素、多层次、多结构、多功能的地域综合体。一个完整的果园生态系统包括动物、植物、微生物等因素，在常规果品生产中，动物和微生物没有得到足够重视。建立生态果园，需要强化动物和微生物的作用，需要本着循环高效利用的原则，结合具体情况建设一些配套设施工程，构建起一个完整的"生物链"。在这个生物链条中，要重点增加动物和微生物环节。动物环节包括禽、畜、蚯蚓、昆虫等，可以直接增添，也可以通过增加植物的多样性，间接增加动物种类；微生物的作用则可以通过建沼气池、堆肥腐熟、青贮氨化、增施微生物肥料和拮抗菌等方式得以实现。

2. 建设"草—畜—沼—果"果园生态循环系统

建设生态果园要在以果树（井冈蜜柚）生产为主体的前提下，以土壤改良和地力培肥为中心，把果园生草和养殖作为开发的重点和突破口，并通过沼气发酵的纽带作用将果园种植和养殖连接起来。同时，在果园行间和田边地角广种牧草，逐步使整个果园被多层绿色植被所覆盖。尤其是井冈蜜柚栽培、果园生草和畜禽养殖等要综合发展，坚持走以草养畜、以畜积肥、以肥沃土、沃土养根、养根壮树、壮树丰产的发展道路，使果园步入"草—畜—沼—果"果园生态循环系统。

3. 发展仿生栽培，保护生物多样性

仿生栽培是模仿生物自然规律和法则栽培植物的方法，与果园生产有关的规律和法则蕴藏在果园生物之间以及生物与环境构成的生态系统中。这可以通过模拟果园生物个体内在的生长发育规律以及果园生物与外界环境形成的生态关系进行栽培，根据植物异株克生进行合理间作、轮作、套作，如自然生草栽培，人工播种紫苏、藿香蓟、菊苣等芳香植物，播种牧草等。人工释放捕食螨、保护七星瓢虫和蚯蚓等，仿生栽培有利于促进农业生态资源的合理利用、果园生物类型和品种的多样化和保护生物多样性。

生态果园建设主要通过改革传统的果园耕作制度，提高果园的物种丰富度，优化配置生物物种和品种结构，充实生态位；实施果牧草复合经营，加强土壤管理，培肥沃土、沃土养根，着力培植和丰富果园生态系统内的绿色植物、各类动物和微生物；提高生物与环境的多样性，努力构建复层立体生物群落，实行果园全绿色覆盖，最大限度地提高太阳能和其他资源的利用率，促进内部物质的循环再生利用，减少对外部养分等物质输入的依赖，提高土壤生物肥力和养分自给力，并综合利用各类农业技术，构

建与井冈蜜柚可持续发展相适应的综合体系，为井冈蜜柚生产的可持续发展奠定基础。

二、基地开发与生产经营管理规模的合理选择

（一）基地开发规模

为了更好地保护生态环境，防止水土流失，保护生物多样性，增强自然隔离效应，有效预防病虫害的传播，特别是对以木虱等为媒介传播的毁灭性病害，更应重视生态恢复与自然生态隔离，按照生态果园建设模式与要求，一般蜜柚基地连片开发面积应控制在200亩以内，最好不要超过500亩。

（二）生产经营管理规模

一个人，一个家庭，一个企业究竟开发种植多大面积的井冈蜜柚基地更为合适，应跟其土地、资金、劳力和技术投入相适应。一般1亩井冈蜜柚从开发建园到投产见效，要投入（资金和劳力）7 000元左右，一个壮劳动力可管理15～20亩柚园，200～300亩柚园就应配备一个技术人员。要根据以上标准确定合理的生产经营规模，切勿贪大求全，力争建一块成一块，早投产，早见效。一般夫妻俩经营一个柚园，面积最好不要超过50亩，家庭农场不要超过200亩。过于贪大，则投资跟不上，劳力不足，管理不到位，易形成小老树，难于成园见效，造成亏本经营，对井冈蜜柚产业的发展还会产生消极影响。

三、基地选址

井冈蜜柚建园，基地选择十分重要，应因地制宜，选择小气

候条件好、有利于井冈蜜柚生长、防冻的地段建园，确保建园一块、成园一块、见效一块，为井冈蜜柚发展起到样板推动作用。

（一）地形地势

坡度低于25°，丘陵山地、平地、沿河冲积地和易排水的荒土荒田为宜。地下水位高的稻田、荒田而又无法降低其地下水位，不宜种植。山地之间的低洼谷地，易造成冷气下沉，排泄不畅，产生冻害，建园时不宜把柚树种在低洼谷地。

在丘陵山地建设生态果园，要加强水土保持工程建设，搞好土地整理，修建高标准的水平梯田，减少地标径流；随坡修筑水塘，拦截和贮存地表径流水，满足旱季井冈蜜柚用水需要。

（二）土壤质地

柚树要求土壤通气良好，在通气不良的情况下会抑制好气性微生物活动，从而减少土壤养分的分解与吸收利用，根系受到土壤中受积累的二氧化碳等有害物质的危害而生长不良。因此，应选土层深厚、土质疏松、地下水位低、pH值为5.5~6.5、排水良好、有机质含量丰富的土壤建园。

（三）水源

应选择在靠近水源的地方建园，或果园内能筑塘蓄水及打井取水，以保证干旱季节柚树灌溉用水。

（四）路、电

果园宜选择靠近公路和输变电路的地方，有利修建进园公路和架设电路，有利于机械化作业，降低建园与生产管理成本。

（五）周围环境

柚园周围应无污染性企业和其他污染源，为申报绿色食品、可追溯体系打下基础，确保产品安全。

四、基地规划

（一）小区规划

建设生态井冈蜜柚园，应根据园地的地形、地势、土壤条件及果园规模，将果园划成若干种植小区，既利于生产操作便利，又有适当隔离的作用，在防治病虫害时采用挑治、轮治，有利于保护园内有益生物入捕食螨、瓢虫等。每个小区面积以 10~25 亩为宜，缓坡地和平地可采用长方形小区，地形复杂的可用长边沿等高线，以山脊或山坳为分界线划分成小区，以利于水土保持及机械作业，小果园可以不分成小区。

（二）道路规划

1. 主干道

基地统一规划修建主干道，主干道与各户果园相连，山地大型果园或集中连片果园要有主干道，主干道外连公路，内接办公室、仓库及猪栏等固定建筑，并且环绕果园或盘旋至山顶，主干道路基宽 5m、路面宽 4m、两边路肩宽各 0.5m，设置在适中位置，车道终点设停（会）车场，纵坡不超过 5°，最小转弯半径不小于 10m。

2. 支道

为通往各小区的道路，也是作业区划分路线之一，外接主干道，内接作业道，路基宽 4m，路面宽 3m，路肩 0.5m，路边设排水沟。支道能行驶农用车、小型拖拉机。支道为单车道，原则上每200m路段增设错车道，错车道宽度6m，有效长度≥10m，错车道也是柚果的装车基地。

3. 作业道（人行道）

一般沿山脊或山谷底部及作业区之间修筑便道，路宽1～1.5m，土路路面，也可用石料或混凝土板铺筑，两旁开挖排水沟，便道坡度小于10°的，直上直下，坡度在10°～15°的，斜着走，坡度在15°以上的按"Z"字形设置。

（三）防护林规划

建造防护林对改善井冈蜜柚的生态条件有重要意义，防护林可以调节果园温度、增加湿度、减轻冻害、降低风速、减少风害、保持水土，是改善井冈蜜柚园水热状况，起到防旱、防寒、防风的一项综合措施。此外，防护林还可减少水土流失，增加肥源。

防风林带一般是纵横交织栽植成方块网状，方块的长边与当地盛行有害风向垂直，防护林最好在井冈蜜柚定植前2～3年建立，加强管理，使其能早发挥作用。林带与果园间应挖一阻根沟，也可作排灌用，3～4年断根一次，防止树根侵扰柚树。山地较宽的道路两旁或一侧，应种2行防护林，在主害风向的山坡和山顶、山脊，应种多行防护林；为了预防大山寒流，应在园的上方与下沉冷气成一定的角度建不透风林，使冷气沿林带从园外流向山下。在园内每2～3条梯田的外缘，种1行通风林。

防风林树种应适于当地条件，生长快，主根深，抗风力强、寿命长，与柚类无共同的病虫害的、经济价值高的树木。如杉树、木荷、青冈栎、竹、苦槠、石楠等，一般不种植松树或湿地松、桉树等树木。果园外围种植3～4行的防护林带，兼种防盗防畜作用的刺篱（马甲籽）。

（四）排灌系统规划

1. 山顶戴帽

生态果园建设，实施山顶戴帽工程，即保留山顶森林树木，仅开垦中下部的土地建立果园，是丘陵山地果园减少水土流失、涵养水分、保护生态环境的重要措施。在林地（帽子）与果园之间，开挖宽 1m、深 0.5m 的防洪沟，防洪沟可使山洪绕道弯曲向山下，防洪沟的泥土放在沟的下方，筑成道路。防洪沟边种植高低搭配的常绿乔木和灌木树种，中间杂种刺篱，既可做防风林，又可做防护带。

2. 排水沟

排灌沟渠建设的目的，一是确保雨季排水流畅，并减少水土流失对沟渠的冲刷，二是在平原果园兼有灌溉功能。

平地及冲积地可沿主干道边建深 0.8m、宽 1m 的排灌总渠，并与江河连通，排灌支渠可沿支道设置，开深 0.4m，宽 0.5m 的排灌支渠，支渠与主渠相连。

山地排水沟一般用明沟排水，排水系统包括拦洪沟、排水沟、背沟及沉沙凼等。拦洪沟是一条沿等高线方向建立在果园上方的深沟，作用是将上部山坡的地表径流导入排水沟或蓄水池中，以免冲毁梯田。排水沟主要设置在坡面汇水线上，以便于梯田背沟排出的水共同汇入排水而排向园外。排水沟的宽度和深度也因积水面积和最大排水量而异，一般排水沟宽和深各为 0.5m 和 0.8m，每隔 3～5m 修筑以沉沙凼，较陡的地方铺设跌水石板；在排水沟旁也可设置一些蓄水坑或蓄水次池，从沟中截留雨水储于池中，也可设引水管将排水沟的水引入蓄水池储备，供抗旱灌溉用。多数情况下，排水沟通常为自然沟，或对自然沟简单改造而成。沟边要种草护坡，防治坍塌。

3. 蓄水池

每一小区应有一座 15～20m³ 的蓄水池，蓄水池边可建 1m³ 左右打药池，以利树大后机械喷药，也可果园内只建一座打药池，利用机械通过管道输送打药，在果园至高点上应建中心池，中心池的水应能通过管道自流到小区水池，中心池以 60～100m³ 为宜，中心池边设置 10～20m³ 的沤肥池，也可以利用小区蓄水池做沤肥池。在果园布置中心池、小区水池时，必须充分考虑与果园的节水（如采用微喷）灌溉和施肥管道相结合。

4. 沤肥池（肥窖）

沤肥池的建设，是生态果园建设的重要环节。沤肥池既是有机肥如生态果园内畜养的猪、鸡、鸭、鹅粪肥，以及购买的枯饼肥的发酵池，又是有机肥对水施肥的中转池，水肥一体化设施的水肥池。沤肥池一般建设在园内较高位置或制高点，与施肥输出管道相连接，并确保道路通畅，以利于肥料运输装卸，如吸粪车装运沼液肥等。

五、土壤改良与整地挖穴

建设生态井冈蜜柚园，土壤改良是重要环节，土壤改良的核心是提高土壤水、肥、气因子的稳定性。

（一）土壤改良

1. 原则

果树只要有一部分根系处于良好的土壤条件下就能够满足整个果树的需要，因此，土壤改良要以局部改良为主，要将有限的有机物质用于土壤局部改良。可采取穴贮肥水、沟肥养根、富足表层等措施，使局部根系处于最适宜条件。有机肥或其他有机物均可提高土壤保肥保水性，是土壤中的稳定因子，所以，果园土壤改良必须增施有机物，稳定土壤环境条件。

表面裸露的土壤，表层土壤透气性好，养分释放快，有效养分含量较下层高，但水肥等条件不稳定。在生长季进行多次中耕除草，会多次破坏表层土壤结构及吸收根，使表层根不能正常发挥作用。生产中需要养护好表层土壤，保持表层土壤温度和湿度相对稳定。

2. 深翻熟化

果园土壤改良主要通过深翻改土进行。深翻结合增施有机肥，即土壤深翻熟化，是最常用的果园土壤改良方法。果园深翻方法有全园深翻、壕沟、挖穴等。

3. 山地果园土壤改良

在山区、丘陵地果园地势不平、土层薄，土壤质地较粗，保肥蓄水能力差，水土流失较重。山地土壤改良的中心工作是结合水土保持做好深翻熟化，防止水土流失，向下扩大根系集中分布层，增大土层厚度，提高土壤肥力。

深翻熟化下层土壤是诱使根系向下扩展的主要措施，可在挖树穴、修梯田和挖鱼鳞坑时进行，在挖树穴时把表层熟土放在树穴上方，把心土放在树穴下方，回填树穴时，把表层熟土和树穴周围的表层熟土填在树穴内。修梯田和挖鱼鳞坑时最好能深翻 80~100cm，至少在树穴周围要深翻到 80cm 深，使土壤疏松，无石块。深翻时如能结合施入一定数量的有机肥料，则会显著地改善土壤理化性状，提高土壤肥力。

4. 果园开垦首推撩壕开垦

有利于土壤的改良，增强土壤通透性，有利于水土保持，最终有利于蜜柚基地的丰产稳产。虽然撩壕一次投入稍微大些，但是，由于蜜柚株间全部挖通，以后不用再株间扩穴改土。反之，开挖种植穴种植的，以后株间还要进行扩穴改土，而且不利于机械化作业，必须人工开挖，工效极低反而将比撩壕定植大大提高成本。

因此，提倡凡是能够进行机械化操作的地块一律应进行撩壕定植。如果不能进行机械化操作的，就开挖1m见方的定植穴。

（二）山地修筑水平梯田和壕沟开垦

缓坡山地可用机械作业，利用挖掘机一次整带开沟，可降低成本，提高建园速度。≥5°的山坡地必须人工筑带，不能用机械，以免造成水土流失。梯面宽应尽量保持4m以上，以利于今后果园生产管理机械化作业。开垦时要注意保护山顶植被，即山顶戴帽，以利涵养水分，减轻水土流失。

机械开挖的方法是选择坡度陡缓适中的地段作一基线，再按行距宽度自上而下测出各个基点，可用一根与行距等长的竹竿，一端放在第一个选定的基点上，使竹竿成水平，竹竿另一端垂直于地面的点则为第二个基点，依此类推，定好基点后可用水平仪或GPS仪测定等高线，定好等高线后，再进行开挖。

开挖时可边做梯面边挖种植沟，种植沟深1m、宽1m为宜，也可开深1m、宽1.5m的沟一次深翻改土，开挖梯面外侧应比梯面高0.3~0.5m，开挖穴（沟）时表土层应与心土层分别堆放，心土放在带面外侧，梯壁尽量保持原生草灌植被，有利于水土保持。在具体操作时，先挖好第一条壕沟，按设计的行距修筑第一个梯田、内侧沟、竹节沟，多余的土整平。然后，进行第二个梯田面操作，将第二个梯田面的杂草、杂柴及面层土填入第一条壕沟里，做成龟背形，开第二条壕沟，整第二个梯田面，如此循环。

竹节沟是山地梯田蓄水、预防水土冲刷的重要设施，在梯面内侧开挖竹节沟，深0.4m、宽0.3m、竹节间长2~3m的竹节沟，竹节沟之间留一竹节（小墩），将带面雨水蓄积在竹节沟内，开挖的带面应向内倾斜3°~5°。

（三）定植沟（穴）回填

回填时，分层放入堆肥、绿肥、杂草、畜粪等。中、下层填埋的杂草、杂柴、表土混合物在修筑梯田时一次性完成，上层回填畜粪、磷肥及土杂肥，每穴埋入土杂肥或杂草绿肥等100kg、猪牛粪50kg、磷肥2kg、石灰1kg。回填后，定植穴（沟）堆土要比土面高出20~30cm，以防肥料与松土下沉后埋没柚树嫁接口，引起根茎腐烂。

有机肥的堆沤腐熟十分重要，猪牛粪、鸡鸭栏粪要堆沤3个月以上，使之充分发酵腐熟才能使用。有机肥充分发酵腐熟后，肥效可以提高一倍以上，而且还容易被根系吸收，还可以杀灭所含的病菌和害虫，同时还可以防止发热而烧坏柚树根系。

第六章　井冈蜜柚栽植

一、栽植时期与方法

（一）栽植时期

营养袋苗木（大苗）一年四季可以移栽，但是应在新梢老熟后为宜。裸根苗以春季种植为主，10月小阳春种植为辅。

春季栽植。一般在春梢萌动前的2—3月栽植，这时雨水较多，气温逐渐回升，容易成活，但春梢抽生较差，扩冠较慢。

吉安市在10月有"小阳春"天气，气温尚高，土壤水分适宜，根系伤口愈合快，并能长一次新根，所谓"十月小阳春，井冈蜜柚要长一次根"就是这个道理。次年春梢能正常抽出，对提高成活率、扩大树冠有利，但秋季栽植后要注意防旱和冬季培土防寒。秋冬干旱而又没有灌溉保证、有冻害的地区，不宜秋植。秋植不能太迟，以免气温下降，根系生长少，苗木恢复时间短，缓苗期长，影响成活率。

（二）栽植密度

井冈蜜柚属高大乔木，用矮化砧枳作砧木树形也高达4m，定植的株行距应根据栽培环境条件、砧木特性来确定，一般行株距为5m×4m或5m×5m。

（三）栽植方法

1. 定植穴开挖、施肥

在定植点挖直径 30~40cm 的定植穴，每穴放入 0.5kg 钙镁磷肥，加 1~1.5kg 的商品有机肥（要充分腐熟），要特别注意与疏松表土拌匀，防止肥料直接接触根系而出现烧根或烂根现象。

2. 定植方法

营养袋苗栽植时应将营养袋剥掉后定植，裸根苗定植时，如遇晴天，须打泥浆。栽植时要做到"一解、二剪、三提、四浇水"，具体要把握好以下几点。

（1）解除绑扎薄膜。由于苗木繁殖过程中，特别是春季切接（补接）的苗木，一般都留有嫁接薄膜没有解除，造成接口处勒痕，为今后大树生长留下隐患，所以在栽植前一定要检查绑扎薄膜并解除。

（2）大苗适当修剪。短截、摘叶，减少水分蒸发。由于苗木在挖取时会损伤部分根系，特别是裸根苗更为严重，造成根系活力与枝叶水分蒸发不平衡，容易造成新栽苗木卷叶或落叶现象，影响幼树恢复生长和成活率。必须对苗木进行适当短截、摘叶，减少水分蒸发，促进枝叶与根系的平衡，提高成活率。

（3）注意定植深度。苗木覆土至 80% 时将苗轻轻向上提一下，然后在苗木四周踩实再覆土接近至根颈部位，不得埋掉嫁接口。

（4）浇透定根水。苗木栽植后，必须浇透一次定根水，使根系与土壤紧密接触，易于根系恢复吸收功能，并生长新根。

（5）授粉树配置。沙田柚必须按 1：（10~15）配置授粉树。授粉树可选用金沙柚、桃溪蜜柚或其他有较高经济价值、花期能相遇的地方良种柚，也可在果园内按每亩 1~2 株比例栽植与沙田柚同时开花的土酸柚。

（6）做好树盘。应以树苗为中心作直径 1m 左右的树盘，树盘应高于带面 20~25cm，以便浇水浇肥，树盘内要用稻草、谷壳等进行覆盖。覆盖时注意不能盖住树蔸，在树蔸周围应有 10cm 左右间隙。

二、栽植后管理

（一）常规管理

1. 保湿
苗木定植后约半月才能成活，这时土壤比较干燥，每 1~2 天，浇 1 次水湿润，促进新根生长。苗木成活前，只能浇水，不宜追肥，成活后，采用勤施稀薄液肥，促使根系、新梢生长。

2. 立支柱防风
新栽苗木根系尚未扎稳，遇大风易被摇动，甚至吹倒，应在苗木旁深插一根竹棍将苗木固定。

3. 土壤覆盖
树盘下覆盖稻草、秸秆、绿肥或地膜，保持土壤疏松、湿润，安全越夏。

4. 摘心除萌
成活后，应勤检查，薄肥勤施，幼树生长旺盛，要及时对长枝摘心，并抹除主干和位置不当处抽生出的萌芽。

5. 主要病虫害
及时防治潜叶蛾、凤蝶、红蜘蛛和溃疡病等，保护好新梢，十分有利于蜜柚生长与树冠形成。

（二）大苗移栽后管理

1. 及时浇水

移栽时浇透定根水，以后根据天气及时浇水。

2. 薄施肥料

浇施淡有机液肥加少量无机氮、磷、钾肥水肥为主，因为移栽后，根系遭严重破坏，吸收能力大减，施肥浓度要低，即薄施，待新根发出来、吸收功能慢慢恢复后再增施肥料。另外，在保持土壤滋润的同时，要注意不能使土壤过湿，否则会因土中透气不良，反而不利根系恢复生长。

3. 根外施肥

因为大苗挖掘后，必然要伤了许多根系。所以要以根外施肥的方法给树体提供营养。根外施肥的肥液可用 0.2% 尿素液、0.2% ~ 0.3% 磷酸二氢钾液、0.2% 硫酸钾液或 0.1% ~ 0.2% 的有机营养液肥。春季移栽的柚树大苗隔 10 天左右连喷两次，夏秋季移栽的柚树大苗喷一次。

4. 覆盖保湿

栽植后，可用杂草覆盖土面保湿。

5. 防病灭虫

及时喷药防治炭疽病及食叶害虫等病虫为害。

第七章　井冈蜜柚幼龄树速生早结管理关键技术

幼龄井冈蜜柚树是指定植后 1~3 年未进入结果期的幼树，这个时期的生长特点营养生长旺盛，发梢次数多，生长量大。幼龄柚园管理目标就是要培养好丰产稳产树体骨架，促发强壮枝梢，使之迅速形成丰产树冠，要改良、熟化和培肥土壤，为早结、丰产和稳产打下良好基础。

为什么有的果农种植井冈蜜柚，在第 3 年冠幅就可达 1m 以上，第 4 年即可投产，第 5~6 年进入丰产，并获得较好的效益。而有的果农种植后五六年还不能结果，甚至成为小老树，造成亏本经营呢？究其原因，就是栽培管理没有跟上，生产投入不足，技术上没有抓住重点。要使幼树快速长大和早结果实，实现 3 年试果 4 年投产的速生早结目标，改良和培肥土壤是基础，加强肥水管理、薄肥勤施是关键，培养好丰产稳产树体是前提，加强病虫害防治与防寒抗冻是重点。

一、土壤管理

土壤是蜜柚生长的基础，是肥水的仓库。因此，创造肥沃、疏松、通透性好、无污染的土壤环境条件是井冈蜜柚速生早结栽培的前提。幼龄蜜柚园的土壤管理内容主要包括间种绿肥、深翻扩穴、中耕松土、树盘覆盖等。

目前，果农习惯在柚园使用化学除草剂除草，这对土壤结构有一定的破坏性，且会对生态环境造成一定破坏，也不利于病虫害天敌繁殖。因此少用除草剂，尤其是草甘膦、百草枯等灭生型除草剂。由于清耕法栽培（即人工多次中耕锄草），投劳过多，成本高，且不利于水土保持，因此也不提倡。

柚园土壤管理提倡生草法栽培管理制度。生草法栽培管理制度有利于生态环境的保护，有利于保护生物的多样性和天敌的繁殖。例如，柚园间种藿香蓟，其花粉是捕食螨的食料，因此可减轻红蜘蛛、锈壁虱等螨类的为害。柚园生草还可防止土、肥、水的流失，减少氮素因渗透水和径流引起的损失，从而增加土壤中的可给态养分。夏季可防止土温过高而影响根系生长，冬季适当改善小气候，从而减轻冻害。据研究，生草法栽培，在冬季可提高树冠下气温 $0.2 \sim 0.5℃$，提高地表温度 $2 \sim 3℃$，提高根际土温 $1 \sim 2℃$。在夏季可降低果园气温 $0.5 \sim 0.8℃$，降低地表温度高达 $10.7℃$，降低根际土温 $2.5℃$，而且还有利于增辟肥源，改良土壤，从而促进早结丰产。但是，生草法栽培易使表层土壤板结，影响通气，且青草根系强大，在土壤上层分布密度大，截取渗透水分，消耗表层氮素，易致根系浮生。生产上必须结合周期性耕作加以克服。

生草法栽培管理的关键环节：一是生草，即自然被动生草，或主动种植间作物或绿肥。二是树盘内保持清耕并覆盖，即在树冠滴水线及以外 $20 \sim 30cm$ 进行清耕或覆盖，除之以外全面进行生草。三是选择性除草，将果园中多年生恶性杂草挖除。四是选择肥田萝卜、印度豇豆、大豆等矮秆作物做绿肥。五是杂草、绿肥或间作物的秸秆要及时进行刈割并翻埋于土壤中。一年刈割 $2 \sim 3$ 次，在 4 月底至 5 月上旬 1 次，6 月中旬 1 次，9 月底至 10 月上旬 1 次，7—8 月可不要割草，利用它保湿降温抗旱。

(一) 合理间作, 广辟肥源

1. 间作好处

幼龄柚园有大量空地, 合理间种豆类、花生、西瓜等经济作物以及牧草、绿肥或非豆科杂草具有重要的意义。一是可以防止水土流失, 改善柚园小气候。二是可以增加柚园前期收入, 实行以园养园。三是广辟有机肥源, 熟化土壤。四是间作物的根系还有保土增肥作用, 但新开荒山土壤未熟化的前两年不要种大豆和花生, 可间种西瓜、茄科作物等有经济效益的农作物。

2. 绿肥选择及间作方法

间作作物应选用与柚类无同类病虫害的浅根、矮秆豆科植物或牧草等绿肥, 忌间种高秆作物 (如高粱、玉米等), 以免影响柚树对光照的需求, 适时刈割翻埋于土壤或覆盖树盘。一般选在滴水线外 25 ~ 30cm 外空隙地以及水平条带的梯壁上间作种植。

3. 绿肥种类及翻埋时期

间作绿肥是解决有机肥料的主要途径, 也是改善柚园生态条件的重要措施。种植和翻埋绿肥, 配合施用粪肥、化肥是柚园最经济有效的施肥方法。一般种植 1 亩绿肥可产鲜草 2 000kg, 则每亩可增加氮素 7.5 ~ 12.5kg, 其中, 5 ~ 8kg 来自根瘤菌固定空气中的氮。有研究证明, 柚园播种肥田萝卜可以提高土壤有效磷 2 ~ 3 倍, 2.5 ~ 3kg 紫穗槐鲜枝叶含氮量相当于 0.5kg 大豆豆饼, 500kg 光叶紫花苕子鲜叶肥效相当于 1.25kg 硫酸铵、3.5 ~ 4kg 过磷酸钙和 3 ~ 4kg 硫酸钾。另外, 绿肥根系深入土中, 能分泌较多有机酸, 增加磷、钾及许多微量元素的活性和肥效, 可防止缺素症发生。

绿肥的翻耕时间对绿肥所能产生肥效有相当大的影响。肥效的大小主要决定于绿肥的产量、分解速度及果树生育状况。从柚树的需求来看, 以早春翻耕为宜, 因为早春多雨, 翻埋绿肥有利于有机质进行矿质化，春季是柚树生长的高峰时期，根系活力大，有利于养分的吸收。从绿肥来看，翻埋的适期应在开花期，因为这时其生物量最大，营养物质最丰富，植株还未衰老，翻埋后易腐烂。

常用绿肥种类及翻埋时期如下。

（1）夏季绿肥。主要有印度豇豆、竹豆、猪屎豆、印尼绿豆、乌豇豆、黄豆等，播种时间为4—5月，翻压时间为8月下旬至11月。万安县高陂镇有多个柚园连续多年间种印度豇豆，果农普遍反映间种印度豇豆很容易，生长速度快，生物量大。一般4月点播，6月底可全园覆盖，夏季高温干旱季节对柚园有降温保湿效果，而且防止了其他杂草生长，免除了中耕除草，可减少许多生产成本。印度豇豆鲜草产量高，在10月结合沟施基肥翻埋，改土增肥效果明显，能有效提高土壤有机质含量和改善土壤团粒结构。印度豇豆还可自然留种，减少了生产成本。

（2）冬季绿肥。主要有箭舌豌豆、肥田萝卜、黑麦草、蚕豌豆、紫云英、油菜等，播种时间为10月至11月上旬，翻压时间为翌年盛花期的3—5月。

（3）多年生绿肥。以紫穗槐、胡枝子、大青等为主，栽植在果园周边和园内道路、水渠两旁，一年可多次刈割，用于柚园覆盖和扩穴改土。

（4）芳香植物。如紫苏、藿香蓟、菊苣等，既有绿肥的作用，又由于其花期长，花粉量大，有利于捕食螨繁殖的特点，宜推广使用。

（二）深翻扩穴，熟化土壤

1. 深翻扩穴作用

可疏松土壤，增加土壤有机质，改善土壤团粒结构，既通气透水又保肥，促进根系快速生长，增强树势，提高产量。

2. 扩穴改土时间

根据根系生长活动时期结合气象条件和肥料来源而定，一般在根系缓慢生长期进行，即 10 月上中旬至 12 月。桃溪蜜柚、金沙柚在采果后进行，金兰柚在采果前进行。扩穴的深度宜在 40~60cm，土松、沙黏性适度的可浅些（30~40cm），板结黏重的红壤地宜深些（50~60cm）。

3. 深翻扩穴方法

（1）撩壕。适合平地和平缓坡地（坡度小于 10°），株行距整齐又尚未封行的园地。一般分 2~3 年完成，也可一年全面改土到位。第一年在株间挖壕沟埋肥，第二、三年在行间挖壕沟埋肥，挖沟深 40~60cm，长度不限，宽度以齐两株间的投影处（树冠滴水线）或稍挖进 10cm 为边线，向外宽度 80~100cm。这种扩穴方法面宽、彻底、效果好，但必须有足够的肥料，投资也较大，但是，此法有利于机械化操作，可节省劳力，因此宜提倡。

（2）挖环状沟。适合零星种植的山坡地和老乡工程蜜柚园，其株行距不整齐，空间不规则。扩穴期间在树冠滴水线外围（老树更新则要深入树冠内 1/4 处）挖 60cm 左右宽的环状沟，沟深 40~60cm。回填埋肥时，先以表土和粗肥填入底层，中间埋杂草等有机物质，上面再回填精肥和底土。

4. 深翻扩穴注意的事项

（1）深翻扩穴时不能留有隔墙，要全园挖通，否则根系生长受阻，达不到扩穴应有的效果。

（2）尽量减少伤根，特别是少伤大根（若更新根系除外），因为伤根太多愈合慢，易引起卷叶、落叶，甚至造成幼树死亡现象。

（3）断根的伤口要修剪平滑，促使伤口愈合良好。

（4）根系在外不宜暴露过久，应避免烈日直晒和霜冻，以免根系萎蔫枯死。

（5）深翻扩穴必须结合大量有机肥料施入。有机肥主要有绿肥、鲜树枝叶、稻草、杂草、畜粪、厩肥、堆肥、花生或油菜枯饼肥等，回填做到下粗上精，分层埋入，并适当加入石灰（每株 0.5 ~ 1kg，紫色土不施石灰）。若只深翻扩穴而不埋肥则达不到改土的目的。

（6）排水不良的河滩地、低洼地和水田种蜜柚，要注意排水，以免积水烂根死树。具体办法是深翻扩穴的沟与主排水沟相通，主排水沟要比扩穴回填后深 25 ~ 30cm，以便排水。

（三）中耕松土、通透保墒

在绿肥收获后，或覆盖结束后，或采果到冬至前，进行中耕松土，一般结合施肥除草进行，常用树盘中耕和全园翻耕松土两种方法。若没有采取生草栽培的柚园表层土壤容易板结，导致通透性下降，造成根系生长缓慢、甚至枯根，从而影响树体生长。因此，在柚树的生长季节及时对柚树树盘中耕松土除草，增加土壤通气透水和保墒能力。但是，中耕次数不宜过多，否则，会破坏土壤团粒结构，使土壤有机质会分解过快流失养分，还会造成水土流失现象。

（四）树盘覆盖，保湿防草

树盘覆盖对稳定土壤温度，防治水土流失，增加土壤养分，改善蜜柚根际环境的作用很大，十分有利于幼树的生长和发育。树盘覆盖时间，一般在 6—11 月或蜜柚定植后。6 月中旬前全园清除杂草，然后用绿肥、山青、杂草、稻草等秸秆覆盖树盘，覆盖厚度 10 ~ 15cm，覆盖物与主干保持 10cm 左右的距离，覆盖以主干为中心的 100cm 直径范围，有利于夏季高温干旱季节保水降温，以及防止树盘内杂草生长而与柚树争夺水分和养分。有条件的柚园可以地面覆盖双色农膜，黑色一面朝地面，银白色一面朝天空，可有效控制杂草生长，保持土壤水分，并利用银白色反光降低地表温度，增加树体内膛的光合作用，促进柚树内膛挂果和枝梢生长。

二、肥水管理

（一）薄肥勤施、扩张树冠

幼龄柚树施肥的目的主要是为柚树生长发育提供足够的养分，促发强壮枝迅速形成丰产树冠。但由于幼树根系尚不发达，吸收量少，一次性施肥过多，既会造成淋失、固定等肥料损耗，又会造成农业面源污染，因此，幼龄树除结合深翻扩穴施基肥外，还需坚持"薄肥勤施，少量多餐"的原则强化追肥，方能实现速生早结的目标。

"薄肥勤施，少量多餐"的核心就是主要针对每次新梢抽发期进行多次施肥攻梢，每次梢追施 2~3 次，每年施 6~9 次或更多。每次新梢萌发前 10~15 天施一次催芽肥，抽梢后 7~10 天施一次壮芽肥，每隔 10 天左右施一次壮梢转绿肥。第一、二年因柚树根系还不发达，应以浇施水肥为主，水肥可用腐熟淡人粪尿、猪粪水或麸饼肥水加适量尿素、磷酸二氢钾和硫酸钾，氮、磷、钾比例可为 1：0.2：0.6，50kg 水肥可加腐熟人粪尿或猪粪水或麸饼肥水 1~1.5kg，加尿素 0.2kg、磷酸二氢钾 0.05kg、硫酸钾 0.1kg。新种植的幼苗约 20 天发根，这时要追施第一次水肥，然后每半个月浇施 1 次水肥。在苗木定植第三年进行埋施，为了降低劳力成本，也可进行土壤撒施速效肥，在春、夏、秋梢抽梢前 10 天和叶片转绿时，于雨前或雨后撒施 50g 尿素和 30g 硫酸钾，下半年随着树冠的扩大要适当增加尿素和硫酸钾的施用量。在春梢转绿期可结合病虫害防治，加入 0.1% ~ 0.2% 尿素 + 0.1% 磷酸二氢钾或有机营养液肥进行 1 ~ 2 次根外追肥，夏、秋梢新梢转绿时可结合病虫害防治，进行一次根外追肥，春梢是柚的主要结果母枝，对翌年进入结果期的幼树，头年要注意培育健壮的春梢，待其冬季顺利进行花芽分化，以利结果。

（二）水分管理

井冈蜜柚同其他果树一样，光合作用、吸收和蒸腾作用、生长发育和开花结果都离不开水，尤其是幼龄蜜柚枝梢生长和树冠扩大需要充足水分供应。不同物候期对水分的需求也不同，特别是萌芽、抽梢和霜冻来临前等对水分更敏感，期间更要注重水分管理。

1. 树盘覆盖保水

丘陵土地蜜柚园，大部分土层较浅，尤其是紫色土和砂土保水保肥能力差，遇到秋旱高温，严重影响树势生长，甚至幼苗枯萎。在夏秋干旱之前对幼树进行树盘覆盖，对保持土壤水分、降低地温、减少水分蒸发，效果十分显著。覆盖材料一般就地取材，常用稻草、谷壳、绿肥、杂草、秸秆等，覆盖厚度 10cm 以上，覆盖要物离树干 10cm 间隙，以免蟋蟀等病虫为害主干。

2. 灌水时期和灌水量

灌水时期要根据柚树需水规律和土壤持水量来确定，一般生长期，遇干旱，或土壤持水量低于 50%，影响新梢生长，或叶片出现微卷现象时应灌水，11—12 月和极端低温来临前，为恢复树势和安全越冬防冻害要灌水。

幼龄蜜柚灌水通常采用滴灌、沟灌、浇灌和穴灌等方法。灌水量根据季节、树龄、土壤质地、空气温度、蒸发量、地形和地势来确定，总的要求是以灌水量达到水分浸透根系分布层为度。幼树宜少量多次，沙质土宜适量多次，黏性土保水性好次数宜少，地势高坡度大的幼树园灌水要足量。

3. 排水防渍

水分过多，排水不良对柚树为害很大，影响根系吸收养分和生长，常会引起叶片发黄、落叶，根系生长弱甚至烂根死亡，病虫害加剧等。所以在低洼地、河滩地地下水位过高和水田的柚树园，要特别注意排水。一般在4—6月多雨季节和8—9月台风多发季节更要做好疏通排水沟渠。做到园外排水沟与园内排水沟相通并低20~30cm，园内排水沟与园内的扩穴沟相通并低20cm左右，确保土壤中根系生长层不积水。

三、井冈蜜柚常见树形及整形技术要点

井冈蜜柚是多年生植物，生长挂果年限长，任其自然生长，枝梢容易丛生、重叠、交叉，造成树形紊乱，引起生长与结果失衡，导致早衰、低产，甚至无产。因此对井冈蜜柚幼树进行合理整形、培养丰产稳产树形，是井冈蜜柚丰产稳产的重要技术措施之一。

目前井冈蜜柚生产中果农多采用自然圆头形、主干形、变则主干形和自然开心形4种树形，各树形有不同的整形方法，也存在各自的优缺点。自然圆头形和自然开心形技术操作较为简单易学，易被果农接受掌握，变则主干形承载能力强，前期易形成树冠，适宜稀植柚园推广。

1. 自然开心形

其主要特点：主干矮，30cm左右，三大主枝笔直开展伸长，并留副主枝，无中央领导干，树冠中部开心。苗木定植后当年于40~60cm处剪顶定干，主干上选留3~4个主枝，与主干成45°~60°主枝短截促发分枝选留2~3枝为副主枝，副主枝上均匀配置侧枝即成自然开心形。该树形成形快。骨干枝较少，从属分明，树冠表面多凹凸。枝梢呈现倒伞形分布，内膛丰满，疏密适度，进入结果期早，通风透光性好，立体结果、产量高，大小年结果现象不显著，自然开心形是当前果农较为喜欢采用的树形。

自然开心形整形技术要点如下。

（1）定干。在定植当年春梢萌发前在 40 ~ 60cm 处剪顶，剪口芽下 20 ~ 45cm 为整形带，整形带以下为主干，主干高以 20cm 左右为宜，主干上的枝梢要及时抹除。

（2）主枝及副主枝的培养。新梢萌芽后，在整形带处选留 3 ~ 4 枝生长健壮、分布均匀的新梢作为主枝，剪除其他枝梢。主枝的分枝角度应以主干成 45° ~ 60° 为宜，角度过大或过小要通过拉枝、吊枝、撑枝等方法调节，以求主枝分布均匀，树冠圆整。定好主枝后，在主枝上距离主干 30cm 左右选留分布均匀的第一副主枝。在第一副主枝上选留第二副主枝，视树体情况再选留第三副主枝。

2. 自然圆头形

它的特点是主干矮，20 ~ 30cm，主枝 3 ~ 4 个，分布均匀，无中央领导干，形成下大上略小的自然圆头形，骨干枝分布多呈扇形开张，树冠比较紧凑，层次分明。整枝较易，早期结果好。在柚苗定植当年，待枝梢自然生长后，选留基部分生的强枝作为树冠骨架，疏除衰弱枝梢。在骨架枝上选留轮状分生的侧枝，于侧枝上再促发分生丛状小枝，一般 1 ~ 2 年即成自然圆头形。该树形整枝容易，修剪量轻，但骨架枝、侧枝、小枝从属关系不明，枝多密生，内膛通风透光性较差，易外围结果，下部果多而偏小，顶部果大而皮粗。

3. 变则主干形

该树形成冠快、树冠结构牢固，产量高，树冠超过 3m 以上内膛出现荫蔽后，要适时开心，降低树冠高度，防止树冠内膛荫蔽。

干高 20～30cm，中间留一中央领导干向上生长支撑扩大树冠，主干上面均匀着生 2～3 个主枝，主枝角度以地面垂直成 40°角为宜，主枝上着生 2～3 个第一副主枝，第一副主枝上着生 2～3 个第二副主枝，逐步延伸形成第一层树冠。在中央领导干上距第一层主枝 50～60cm 处再选留 2～3 个第二层主枝。

四、幼龄树修剪与树冠的培养

（一）幼龄树修剪

幼树修剪原则：幼树修剪宜轻，除主枝、副主枝等延长枝顶端密集，须剪去部分外，其余内膛枝一般不剪，下部的枝梢也尽量保留使其结果。树冠太小的幼树开的花朵应摘除，不让其结果，以集中养分促使枝梢生长，扩大树冠。树冠较大的幼树，可适当挂果，抹除部分夏梢保果，交叉枝、重叠枝应尽早剪除，以免扰乱树形和消耗营养。

幼龄树整形修剪的方向是培养丰产稳产树形，迅速扩大树冠，促进早结丰产。因此，幼龄树修剪应抓好以下几个关键。一是"先放后剪，以养为主，可剪可不剪的一律不剪"。二是"抹芽先行，摘心跟进，优先动手少动剪"。解释如下：进行修剪一定要剪去一定的叶片，而叶片是进行光合作用（同化作用）的主要器官，通过光全作用制造有机质，为幼龄柚树主干增粗、长高以及促发健壮枝梢提供原料，所以说，叶片就是树体生长所需有机质的生产单位。剪去的叶片越多，生产单位就减少越多，生产的原料就越少，从而柚树就长得越慢。为了使柚树长得更快，在光照充足的情况下，应该尽量轻剪，多留叶片。为此，可先不修剪，让树冠长大，主干增粗点再行修剪。尤其是长势不旺的披垂枝，这类枝条不会扰乱树形，应作为辅养枝，尽量保留。这就是所谓的"先放后剪，以养为主，可剪可不剪的一律不剪"。幼龄柚树树冠的培养主要是以抹芽放梢、摘心促梢为主，而这以徒手操作就行，不需要借助枝剪，这就是所谓的"抹芽先行，摘心跟进，优先动手少动剪"。具体操作方法是小苗定干后，抹除主干上的萌发枝，在主干上面留2~3个均匀向上生长与地面垂直成40°角的强枝，变则主干形修剪中间留一直立向上生长的中心枝，新梢长度超过25cm时在25cm处摘心，每根枝梢上两侧分别着生1根向上以地面垂直成40°角的枝梢，有多的枝梢在新梢长2~3寸时及时抹除，第二年树冠内膛的春梢要尽量保留，以便形成结果母枝。

（二）树冠培养

合理进行抹梢、摘心、放梢是促进井冈蜜柚幼龄树多分枝，新梢抽生整齐、均匀、充实健壮，培养好主枝、副主枝及侧枝，促使树冠快速扩张成型的关键措施。

具体方法。一是对主枝、副主枝的延长枝要进行短截修剪，促发春、夏、秋三次枝梢健壮生长。二是按照"去弱留强，去直留斜"的原则，按"五去二，三去一"的方式，在每个基枝选留2~3个健壮枝梢做侧枝，确保树冠不空膛。三是对选留的各次新梢在梢长25cm左右时留25cm进行摘心打顶（这样处理对新梢的刺激作用较强，有利于每根基枝促发2条健壮的新梢）。

有一简单快速培养树冠方法是"抹芽、摘心、疏梢"，具体操作方法是：新梢长到2~3寸时，在延长枝上的每根基梢上部两侧分别留一根侧边向上的新梢，有多的背上背下新梢及时抹除，新梢抽发超过25cm长，半木质化时，在25cm处摘心，如延长枝上的新梢不够25cm长时，只留一根向上生长的新梢，上下两节枝条长度超过25cm时在新梢25cm处摘心，依次反复进行，不浪费一根枝条，可迅速扩张树冠。为了更好的防止病虫为害新梢，可统一放梢，方法是在夏、秋梢每次梢统一放梢前，抹除零星新梢，大量新梢抽发时统一放梢。

五、病虫防治

主要抓好幼龄井冈蜜柚"两虫一病"的综合防治，即红蜘蛛、潜叶蛾和溃疡病，兼顾凤蝶、象甲、金龟子、炭疽病、疮痂病等为害新梢、嫩叶的病虫害防治。其中，潜叶蛾和红蜘蛛对幼龄树的生长为害极大，应作为重中之重来加强防治，以保叶壮梢。病虫害防治以预防为主，采取绿色综合防治措施，达到高效、安全、经济目标，具体病虫的防治措施见第十一章《井冈蜜柚的病虫害防治》。

六、防寒抗冻

幼龄井冈蜜柚抗冻性较差，防寒抗冻是幼龄柚园管理的重要内容，是保障成园不可缺少的环节，也是促进幼龄柚树健康成长，决定柚园能否成园结果的关键措施之一。幼龄柚树的防寒抗冻关键是在栽后前3年的晚冬早春期，到第4年以后，随着柚树树体和树龄的增大，其抗冻性逐步增强，到成年树后，只要树势健壮，一般不采取防冻措施也能安全越冬。

幼龄柚树防寒抗冻措施，主要在于用好以下"四板斧"：一是加强肥水管理和病虫害防治，尤其是秋冬季要加强潜叶蛾和红蜘蛛的防治，抹去晚秋梢，保护好幼树枝梢和增强树势，这一点最为关键。二是久旱无雨时节冻前灌水。三是主干培土。四是树冠覆盖，覆盖遮阳网或稻草效果好，覆盖编织袋易引起树体失水、落叶，从而衰弱树势，故不宜使用，更不能使用塑料薄膜覆盖。具体防寒抗冻做法详见第十章《井冈蜜柚的防寒抗冻》。

第八章　井冈蜜柚成年树优质丰产栽培管理技术

井冈蜜柚一般定植6～7年后，开始进入盛果期，盛果期后的柚树，都叫成年树。成年树结果多，养分消耗大，如果不加强管理，或肥水管理不当，没有合理解决枝梢生长与开花结果的矛盾，一方面可能出现营养生长过旺，花芽不能形成，另一方面，可能由于树势衰弱，造成花而不实，导致隔年结果（大小年结果）现象。因此，成年树管理的主要任务，就是努力促进和保持营养生长与生殖生长（即生长与结果）的相对平衡，保证丰产、稳产，增进品质，防止大小年结果现象。营养生长与生殖生长平衡维持越久，则盛果期越长，果园的经济效益也就越高。如果平衡受到破坏，营养生长占了优势，就开花少，产量低。反之，如果生殖生长占了优势，营养生长就会变得缓慢，植株就会提前进入衰老期，如不及时进行改造，强化营养生长，树体就会衰败，病虫害增多，进而造成树体衰亡。

一、营养与施肥

要做到科学施肥，节约肥料施用量，提高肥效，降低施肥成本，提高产量，增进果品品质，首先就必须了解井冈蜜柚所必需的营养元素及其相互关系、常见营养元素缺乏症状识别以及常用肥料种类及其使用要点等基础知识。

（一）井冈蜜柚必需的营养元素及其相互关系

1. 所必需的养分及其作用

蜜柚在其生长发育过程中，需要较多的矿物质营养元素有氮（N）、钾（K）、钙（Ca），其次为磷（P）、镁（Mg），再次为硫（S）、铁（Fe）、锰（Mn）、锌（Zn）、铜（Cu）、硼（B）、钼（Mo）共12种。此外，还含有氯、钠等多种元素。这些营养元素被称为必需元素。生产实际需要量大的有氮、磷、钾、钙、镁、硫，被称为大量元素。铁、锰、锌、铜、硼、钼等因其需要量极微，被称为微量元素。

下面介绍氮、磷、钾、镁、钙、硼和锌七种元素的作用及其缺少与过量所表现的症状。

（1）氮。氮是影响井冈蜜柚生长和产量最强的元素，从幼苗生长到开花结果都需要氮。在柑橘树体内氮大部分以有机态存在，小部分以硝态和氨态存在。柑橘以花和嫩梢含氮量最多，尤其是雄、雌蕊。在一定范围内，着花数、结果数都是和柑橘树体中或叶中含氮量成正比。硝态、氨态及尿素均能在短期内吸收，尤以硝态氮为多，施肥后几天至半个月即可在树上变现出肥效。氮在土壤中易流失、挥发及渗漏，需要施用量较多。

氮素量适当能够发梢多，枝梢健壮，叶色浓绿，并有壮花、稳果、壮果，使根系生长良好，健壮树势、提高产量和品质以及增强抗逆性等作用。

氮供应不足时，影响叶绿素的生成，叶色变淡，光合作用减弱，新生成的枝叶变小，颜色淡黄至黄白，甚至大量落叶。树势衰退，变成小老树，花多，坐果率低，果小，产量大减。缺氮时发梢不正常，严重缺乏时树势甚至几年也不能恢复。缺氮的植株如施用其他元素，树势更衰弱，只宜增施氮肥。

但氮如施用过多，生长过旺会抑制细根的生长，使枝叶徒长，降低树体的抗逆性。果皮变厚，果实延迟成熟，风味变淡，且易发生柚果褐腐疫病等。尤其是临近采收前过多施用化学氮肥，果肉易枯水，味变苦，不耐贮藏。连年过多施用硫酸铵、硝酸铵等氮素化肥，会导致柑橘根群不发达。氮过多还破坏营养元素之间的平衡，抑制钾、锌、锰、铜、硼、钼，尤其是磷的吸收利用。如施肥喷药导致土壤和树体含硼、锌、铜、锰、硫、磷、氯、钠过多，为害柑橘，便要较多地喷施氮肥才能维持同样的树势与产量。

（2）磷。磷是构成细胞核、细胞质的主要成分，对细胞的物质代谢和能量代谢都起着重要的作用。磷在柑橘树体内分布与氮相似，花、种子、新梢、新根的生长点及细胞活跃的地方均聚集了大量的磷。故当磷供应充足时，根系生长旺盛，新梢发育健壮，花芽分化正常，坐果率高，果实成熟早，着色早，皮薄味甜，耐贮藏。因此，在抽梢、花芽分化、开花、幼果生长和果实膨大期，进行根外喷施磷酸二氢钾、过磷酸钙浸出液等含磷肥料，补充树体磷的含量，将起到重要的作用。为了促进磷的吸收要多施用有机肥。施用化学磷肥时应与有机肥混合或制成颗粒状，深施送到根际，或叶面喷施。如在酸性土壤则应合理施用石灰，以中和酸性。柑橘主要在根与枝梢生长旺盛的高温多雨季节吸收磷，低温干旱吸收显著减少，故应注意施肥期。此外，施石灰过多，施氮肥或硫酸铵过多而镁不足时均可妨碍磷的吸收。

缺磷时，表现为新梢细弱，叶片细而窄，变薄，严重时老叶出现灼斑，早落。花芽分化不正常，少花或无花，坐果率低。种子发育不良，易落果，果皮变得粗厚，汁少而酸味增加，品质变劣。缺磷使幼根发育不良，根呼吸作用及吸收力弱，树势变弱。并引起其他缺素病，特别容易缺锰。叶片无光泽，呈古铜色或暗绿色，叶先端或其他部分发生枯焦，叶寿命短，在花期严重落叶，也易在高温、风害中落叶。

当磷肥过多时，则会因元素间的拮抗作用，降低根系对氮、铁、锌、铜和硼的吸收。磷肥过多也有害，使氮、铁、锌、铜、硼的吸收减少，但可以减少线虫为害，促进镁、锰、钼的吸收。

（3）钾。钾与沙田柚许多生理机能有关，具酶的调节作用。钾在植物体中有高度的移动性，常从柑橘老叶和老熟组织移向代谢活动旺盛的幼嫩部分，如芽、嫩叶、根尖和形成层等分生组织中均含有丰富的钾。叶含钾量在春季萌芽前高，新梢期、花期叶含钾量迅速下降，结小果后回升，进入果实增大期又降低，一直继续到果实成熟后。钾不在叶中积累，而是在秋冬季向叶外转移，输向果实和贮藏在木质组织中。柚对钾的需要量仅次于氮，当钾施用适量时，枝梢生长充实，树势强壮，坐果率高，果实发育良好，果大而重，汁多，可溶性固形物、维生素 C 等含量增加。风味浓，较耐贮藏。根系在土温 18～30℃ 时都能吸收钾，但以 24℃ 左右为其最佳吸收土温，在冬季低温时期几乎停止对钾的吸收，故在 4—10 月，特别是 6 月是施用钾肥合适时期。沙质土、沙壤土含钾量较少，且易流失，要特别重视钾肥的施用。在开花期和果实迅速膨大期，对钾的需要量最多，应作为重点施钾肥的时期。沙质土、红壤与冲积土含钾量均少，宜适当多施。根外追肥宜用硝酸钾。

缺钾时，顶端优势降低，新梢丛生且多弯曲，分枝多而短弱，略呈弯曲，新叶小，枯枝多，枝条丛生，新梢生长衰弱，且多弯曲，叶早落，接近花期大量落叶。果小而皮薄，落果严重，着色早，不耐贮藏。较典型的是老叶黄化，呈古铜色，叶脉黄白，或局部变黄，甚至发生黄斑、胶点、焦斑而破裂。

钾肥施用量过多，特别是在磷肥和石灰施用不足时，会导致树体组织硬化，枝梢伸长受到抑制。叶片变小而硬化，果皮增厚且粗糙，着色延迟，果成熟时尚带绿色，果汁少，固形物含量少。易感染褐腐病、流胶病。钾过多妨碍镁、钙、锰、锌的吸收。

（4）镁。镁是构成叶绿素的元素之一，是光合作用不可缺少的元素。在柚叶片、分生组织、种子和未成熟的果实中含有大量的镁。镁易转运，从叶大量输向果，有核果需镁量大。镁对柑橘生长和结果影响仅次于氮。

树体缺镁时，叶绿素不能形成，叶黄素、胡萝卜素生成减少，最初的叶片主脉两侧出现不规则的黄斑，后期逐渐扩大至叶片基部，主脉两侧保持倒"V"字形的绿色区，是典型的缺镁症状。缺镁在老叶和果实附近的叶片变现最为明显。树势弱，对冻害、干旱及农药的抗抵性弱，严重时易落叶及枝条枯死，产量低，大小年显著。果小，可溶性固形物、全酸量及维生素 C 均低。严重影响果色、果皮、果肉色淡，不耐贮藏。缺镁症全年均会出现，但多见于晚夏和秋冬果实迅速增大至成熟期间。结果少的枝条或植株不表现任何缺乏症状，土壤中存在过量的钾、钙会妨碍根系对镁的吸收，但镁的不足会影响对氮的吸收，镁不足时，氮虽多也不能充分吸收。还会助长缺乏锌、锰而呈复杂的缺素症状。

缺镁常发生在轻沙土和 pH 值 4.5 ~ 5 的酸性土壤中，因均易流失。吉安市夏季多雨，井冈蜜柚多种植在丘陵红壤地带，因此，缺镁现象比较普遍，有的柚园发生还较为严重。因此应高度重视缺镁现象的预防。在多雨地区以及沙壤土柚园，增施镁肥增产效果明显。在嫩叶和果实迅速膨大期宜喷施 1% ~ 1.5% 的硫酸镁或 1% 的硝酸镁水溶液（缺乏树应喷 1% 硝酸镁），或土壤每亩施 5 ~ 10kg 氧化镁或 7.5 ~ 12kg 硫酸镁。酸性土宜用白云石粉与钙镁磷肥，pH 值 6 以上的土壤宜用硫酸镁。柑橘在高温时吸收镁较多，尤其是小果时吸收量最大，在冬季温度不太低时也可吸收，但宜高温期施用。用硝酸镁要多加注意，以防药害。

（5）钙。钙是细胞壁的重要组成部分，在树体内的生理功能具有对磷酸酶的激化作用，顶端分生组织的继续生长需要钙，是果胶类物质的主要成分。钙充分则果实耐贮运，果面光滑，酸少味甜，与磷效果相似。在植株的根、枝干、叶片的灰分中50%以上是钙。由于在施用过磷酸钙时也施了钙，柚园还经常施草木灰、石灰，除虫防病还使用了石硫合剂、波尔多液等含钙农药，所以实际上作为肥料因素来说，钙在树体内是足够的，在柑橘表现缺钙不多。但是由于南方各省区的土壤多为酸性，且往往呈强酸性，在生产上施石灰，主要在于降低土壤酸性和增加土壤含钙量。

柚缺钙，则细胞分裂受抑制或不能进行，首先是生长点尤其是根尖受害。根生长停滞，抗湿与抗菌性弱，易烂根而梢枯。新梢短弱、早枯，先端成丛芽。叶褪绿首先在叶缘出现，逐渐扩展至叶脉间，严重时主脉黄化，在叶面出现细小死斑。新叶小主脉缩短形成心形叶，落叶早。开花多，落果严重，低产。果小味酸，汁胞收缩，果形不正。要树体正常代谢，钙与钾、镁适当平衡。缺钙时喷2%氢氧化钙或施石灰、石膏容易恢复树势。石灰适当施用，能促进磷的吸收，因此也有可能是磷所起的作用。

柚对钙的需要量不如钾，施钙过多会降低磷、锰、铁、锌、铜、硼的有效性，叶面表现斑驳。

（6）硼。硼是植物必须的营养元素，能显著影响分生组织的活动，与细胞生长和分裂有密切的关系，促进碳水化合物在树体内的运转。能促进花粉的发育和花粉管的伸长，在幼果期可防止果蒂离层的产生。

当沙质土或沙质土壤遇干旱时或雨水过多时，柚根吸硼困难，容易出现缺硼症。缺硼的植株老叶叶脉肿大，叶脉木栓化，重者开裂，严重时叶片早落，枝条早枯；果小、坚硬、畸形，果皮具有瘤装突起，皮厚，其组织中出现不规则的褐色胶状物，果实的膨大受阻。甚至引起严重落果。

柚园一年中一般喷施硼 1～2 次，结果树喷硼重点在萌芽期、花蕾前期喷施 0.2% 硼砂或春季每株施 0.05～0.1kg 硼砂，对具缺硼症的效果均很好。据梅州市农业局的试验，对缺硼的沙田柚园用 0.1% 的硼砂水溶液在开花期和生理落果期各喷施一次，平均提高坐果率 25.3%，同时单果重也有所增加。

硼过量也有害，表现为叶尖先黄化，没叶缘及中脉间扩散，叶尖叶缘成枯斑，早落叶，严重时叶全部落光，枯枝，最后整株枯死。硼缺乏与过多界限甚狭小，因此，要注意用量，采用喷施比土壤施用较为安全。硼过多可增施氮肥平衡，尤其是以硝酸钙最佳。

（7）锌。锌具有酶的作用，与叶绿素、生长素、蛋白质、核糖核酸的形成有关。几乎全世界的柑橘产区，柚都有缺锌症。典型症状是斑驳小叶。叶转绿期开始呈现，主脉与侧脉显著绿色，其余组织呈浅绿至黄白色，有光泽。严重时，仅主脉或粗大侧脉附近绿色，新叶狭小斑驳并多直立，节间短、丛状、枯枝多，落蕾、退化花多、果少、低产，果皮光滑色浅，果肉木质化、维生素 C 低、无味，细根大量死亡。多种土壤均缺锌：花岗岩、片麻岩、蛇纹岩土壤含量低，酸性沙质土易流失，碱性土壤易成不溶性。此外，磷、钾过多，镁、铜缺乏，深耕伤根，土壤过干、过湿，腐殖质少或施有机质过多恶化根与土粒接触以及重剪均会发生缺锌症。缺锌也影响其他元素的吸收，呈现复杂症状。叶面喷雾易收到治疗效果。嫩枝叶易吸收而老叶不易吸收，故冬期喷雾效果差。宜每年在嫩梢期喷 0.1%～0.6% 硫酸锌（加等量石灰）1 次，严重的喷 2～3 次。

锌过多则伤根，因而影响根对锌的吸收，叶反而呈现缺锌症状，施用硫酸锌过多或喷洒浓度过高均易引起叶灼伤、落叶和枯枝。施石灰或过磷酸钙易治疗锌过多之害。

2. 各种养分的相互关系

各种营养元素之间有的相互影响吸收过程，有的相互影响运转，有的影响在植物组织中的利用。这种相互作用表现为两种情况：一种是拮抗作用，即一种元素抵消或抑制另一种元素的效应，即一种元素多了或影响另一种元素的吸收，使植物组织中另一种元素含量降低，严重时表现出缺素症，从而影响果树的生长发育；另一种是增效作用，即树体内一种元素的增量，使另一种元素的浓度也提高。这种增效作用，一般在砂性土中比黏性土强，所以搞好肥分搭配是施肥技术的一个极其重要的方面，它可以明显提高施肥效益。

许多研究和长期实践都表明，柚的施肥不可单一施一种肥分，而必须各种肥分以适当的比例搭配施用。试验表明，新梢的抽生是依靠氮和磷相互作用的结果。增氮时，必须增磷，氮不足时，增磷反而阻碍生长。但是氮肥少时，即使磷不足，不表现缺磷现象。土壤中氮的浓度和叶中磷的含量，以及土壤中磷的浓度和叶中氮的含量之间呈负相关。

增加氮肥施用量，使缺锌病症加重。增施磷肥也可以引起或加重缺锌，大量施用钾肥可以引起或者加重缺镁，提高磷水平会减少氮吸收，反之，提高氮水平会减少磷吸收，如果土壤内硼的含量低，由于增施氮减少硼的吸收而导致严重缺硼。

长时期地单独施用尿素态氮肥，叶内的锰和铁的含量增加，多用硫胺或硝胺，则仅增加叶的含锰量。增施氮肥，叶内的磷、钾及硼含量减少，而树体其他部分则仅磷、钾含量减少。多施磷肥的情况下，树体各部分的含磷量增加以外，叶、果皮、果肉及果汁中的钙和镁的含量增加。多施钾肥，除使树体各部分增加钾量以外，叶内硼的含量也增加。

钾和镁在吸收过程中具有强烈的拮抗作用，土壤中 K/Mg 的比值和叶内含镁量之间呈高度的负相关，也即钾镁比值越高，叶片内的镁含量就越低，当土壤中 K/Mg 比达 0.4～0.5 时，就出现缺镁症。钙含量和硼含量之间存在极显著的正相关，钙素每增加 1%，硼素相应增加 25mg/kg。总之，施用硼肥应考虑增施钙素。

综上所述，无论是大量元素或微量元素，在柚树的生理活动中，都具有重要的作用。且它们之间具有平衡关系，即拮抗作用。施肥中，一定要注意维持各元素之间的平衡关系。

(二) 肥料种类及其使用时应注意事项

1. 蜜柚常用的肥料种类

（1）有机肥料。

①人、畜、禽粪尿（包括厩肥）。

②饼肥。

③堆肥（包括杂草、垃圾、沤肥、焦泥灰）。

④绿肥（包括稻草、甘蔗渣）。

（2）无机肥料。

①氮。尿素、硫胺。

②磷。过磷酸钙、钙镁磷肥、磷酸二氢钾等。

③钾。硫酸钾、氯化钾。

④微量元素。石灰、石膏、钼酸铵、硫酸亚铁、柠檬酸铁、硫酸锰、硫酸锌、硼砂（酸）、硫酸镁。

⑤复合化肥。氮磷钾复合肥。

以上各种肥料搭配使用，增施有机肥，对于建立一个有机无机相结合，对于改善土壤结构，增进果品品质，从而建立一个优质高效的柚园生态系统，具有重要作用。

2. 肥料施用时应注意事项

各种肥料施用时，应按照其特性，正确使用，否则不但不能发挥肥效，有时甚至造成伤根落叶的后果。下列几个方面必须引起注意。

（1）有机肥必须腐熟后再施用。在使用有机肥料时，必须注意充分腐熟，充分腐熟的有机肥，肥效大为提高，而且又容易被果树根系吸收。而未经腐熟的有机肥料直接施入土壤会产生很多不良后果。一是会传染病菌，发热伤根，导致落叶严重，甚至把幼树烧死。二是纤维质多的有机肥料在土壤中腐熟时，还会消耗土壤中的氮素。三是定植穴中使用未腐熟的有机肥料会导致穴土严重下沉，抑制幼树发根。

有机肥腐熟要掌握正确的方法。堆沤时应用稀泥封堆，或加棚加盖。如任其风吹雨淋、日晒，肥料中的氮素会分解成氨气而大部分挥发损失。施用豆饼、菜籽饼、棉籽饼、桐籽饼等饼肥时，必须先将其打碎，浇入稀薄的人粪尿，充分混合后堆制或沤制 5～10 天。而且不宜腐熟过度，要在使用前半个月，适时处理，以免耽误施肥时期。

（2）浅施和深施。施肥的深度应根据栽植方式、密度、树龄、土层深度、肥料种类、天气条件灵活掌握，一年中各次施肥时又可采用深施和浅施交替进行的方法，这样才能兼顾树体吸收和土壤熟化。

土层浅，地下水位高，采用盘状浅施肥。这种方法有利于促发水平根，使柚树提早结果，促使树体矮化。雨季时，可充分发挥表层根系的作用，缓和湿害。又因地下水位高，浅施可使肥料为浅土层的根系吸收，防止肥料渗漏。盘状浅施的施肥面比较广，伤根较少。但是，长年浅施，诱根上行，树势减弱，抗逆性下降，肥料亦易挥发、淋失。因此，应采用浅施和深施相结合的方法，早春雨季宜浅施，进入旱季后则应深施。

山地柚园深施埋肥是一条重要的施肥技术，但是，也不能否定浅施在某种情况下的良好作用。浅肥培的幼树，营养生长良好，枝短，叶多，树冠紧凑，在树冠内没有大空间，有效营养面积大，为早结果，早丰收奠定了物质基础。同时，浅肥培将有限的肥料首先放在柚树的根际部分，集中熟化上层土壤。

无论浅施和深施，都必须注意施肥后及时、认真地加以覆土，特别是施用尿素、氨水等化肥后，更应做好覆土工作，以防肥分气化损失。

（3）防止肥害。柚施肥过多，特别是根浅或施用尿素，硫胺等化学肥料时，如土壤干旱是燥施，特别每穴施肥过多，或结块未打碎，都可能造成局部浓度过高，致使根系和枝叶脱水，严重的会导致根系发黑枯死，枝叶焦枯脱落，甚至整株死亡。因此，根浅施肥量多时，要分次施用腐熟肥料。施用化肥时，必须少量匀施，土壤湿度不大时，尽量渗水或溶入粪尿中施用。

二、成年蜜柚树施肥

柚树的营养物质来源除了叶片光合作用制造大量的有机物质外，其他矿物质营养都要靠根系从土壤中吸收，因而，对柚树进行合理施肥补充养分至关重要。一般而言，要根据树体营养状况、结果量决定施肥量、施肥次数及施肥时期。产量高、树体营养状况较差的树（表现为叶色较淡、枝条瘦弱、叶薄而小），则施肥量及施肥次数相对要多些，反之则施肥量和施肥次数相对少些。常规情况下一年应施 4 次肥：在春芽萌动前（2 月底）施芽前肥；在 4 月下旬至 5 月中旬施稳果肥；在 7 月中旬至 8 月上旬果实迅速膨大的时期，施用壮果肥；在 9 月下旬至 11 月上旬采果前 7 ~ 10 天或采果后 7 天施采果肥，即施基肥，

（一）施肥时期和施肥量

1. 施肥时期

根据井冈蜜柚结果特性，一般有 4 个主要施肥时期，即采果

肥、萌芽肥、稳果肥和壮果壮梢肥。

（1）采果肥。采果前后 10 天左右，根据不同品种在 10 月上旬至 10 月下旬施，一般桃溪蜜柚在 10 月上旬采果后施用，金沙柚、金兰柚如采果较晚的话可采前施用。这次肥主要用于补充树体结果消耗的养分，恢复树势，积累养分，以有机肥为主，适当配一定量的高含量复合肥，不宜施过多氮肥，避免引发冬梢，产生冻害等。采果肥占全年施肥量的 40% 左右（包括冬肥）。

（2）萌芽肥。在萌芽前 2 月下旬施用，以速效 N 肥为主，配合 P、K 肥补充萌芽现蕾营养，有利于春梢生长转绿和壮花的作用，此次施肥量占全年 20% 左右。

（3）保果稳果肥。在 5 月中旬春梢停止生长和第一次生理落果后，由于前期抽发春梢，开花落花及结果与落果后，大量消耗养分，树体养分不足，会出现大量畸形果和小果，甚至造成落果严重现象。因此，必须及时施肥补充养分。但要注意因树施肥，不是肥料越多越好，肥多还会冲掉果（落果更多），要"巧施"这次肥。花多弱树多施，以 N 肥为主，花少的壮树少施，以 P、K 为主。保果稳果肥施肥量占全年的 10% 左右。

（4）壮果促梢肥。在 8 月上旬，果实膨大和汁泡发育以及秋梢抽发生长时需肥量很大，以 N、P、K 配合施用，壮果促梢肥占全年施肥量的 30% 左右。

2. 施肥量

确定蜜柚施肥量是一个相当复杂的问题，涉及很多未知因素。例如，施下去的肥不仅要补充抽发枝、叶、花、果实等所耗用和被果实所带走的部分养分，还要补充植株营养生长所耗用和流失、淋溶等所损耗，还有肥料利用率等许多不定因素。

对结果树应以结果量作为确定施肥量的依据，并参照树龄、树势、土质、肥料种类、气候情况适当变更，若加上叶片分析和土壤分析调整施肥量，会更合理。氮肥施用后并非全部能被柚树吸收利用，而是大部分流失。在被吸收的氮中约30%由落叶落花落果回到土壤中再被吸收利用，约50%为收获果实所带走，其余则用于建造新枝叶和增大根干等。因此，可以根据果实所带走的氮量来计算，一般相当于施下的氮量的25%～35%，施肥适当，其吸收利用率可能高于这一范围，施肥不当，可降至20%左右。生产上可根据收获果实所带走的氮量的3～4倍作为氮肥量的标准。据现有材料推算，按每亩收获2 500kg柑橘（是多种柑橘类果实平均，井冈蜜柚参照此依据）果实所带走的纯氮（N）约为4.43kg，磷（P_2O_5）1.17kg，钾（K_2O）5.7kg。对施下的氮吸收利用率为35%时，应施纯氮为6.325kg，30%时应施7.375kg，25%时应施8.85kg，折合45%硫酸钾复合肥，相当于每亩全年施肥量为84.3kg、98.33kg、118kg。如施法合理、增施有机肥以及发挥土壤肥力，用量可适当减少。

另外，根据福建平和县和广东梅州多年经验表明，在中等肥力土壤条件下，成年树株产100kg蜜柚需纯N1.2～2.5kg，纯P0.6～0.8kg，纯K1.0～1.2kg。其年施肥量大概为：每株尿素1kg，45%复合肥4kg，钙镁磷1.2kg，硫酸钾1kg，石灰1kg，有机复合肥或鸡粪或枯饼10～15kg。

（二）施肥方法

1. 土壤施肥

根据柚树的树龄、树势（生长季节）及地势、土壤、肥料种类等情况，可以分别选用如下土壤施肥方法。

（1）盘状撒施法。以主干为中心，将土扒开，成圆盘状，靠近主干的一面宜浅，离主干越远则越深，扒出的土堆在盘外周围，施肥（水肥）待干后再覆土。这种方法施用氮肥或液态肥料较合适，其缺点肥料浪费较大。幼树多采用此法，成年树采用此法必须离开主干30cm以外，再由浅到深向外开盘。盘状撒施法多用于生长季节的追肥。

（2）环状沟施法。在树冠外缘沿树冠滴水线挖宽、深20～30cm的环状沟，在沟内施肥，挖沟的位置每年可随树冠的扩大逐年向外扩展。环状沟施法宜用于使用肥量大时施基肥。

（3）条状沟施肥法。随树冠的扩展，逐年沿树冠下缘在行间两侧挖深50cm、宽60cm的深沟分层施有机肥，第二年再在株间两侧用同法挖深沟施肥，依次轮换位置进行沟施。此法适用于幼树、初结果树和老树更新的基肥施入。

（4）放射状沟施肥法。在距离树干1～1.5m处向外呈放射状挖沟3～5条，近树干处的沟要浅些（25cm左右），向外逐渐加深些（45cm左右），然后施足有机肥。多用于已封行且全园土壤改良熟化程度较高的成年蜜柚园。

（5）穴施。在树冠下均匀地挖穴若干个，深度一般在25～30cm。此法多用于精肥的施用，其优点是伤根少。

（6）全园施肥法。把肥料均匀地撒在树冠投影范围的土壤表面，然后用锄头浅松土，将肥料翻入土中。成年树柚园在有足量肥料做基肥时，可结合秋季深翻，进行全园施肥。施用追肥时可结合干旱灌溉进行，适合于坡度小的蜜柚园，也可在雨后土壤湿润时，将速度效化肥撒施于树冠下，根系吸收快，效果也好。凡是深沟施肥者，肥料一定要与土拌和均匀或分层施入。

（7）水肥一体化。将沤制熟化的饼肥水稀释后加入适量尿素和硫酸钾通过管道进行浇施。

2. 根外施肥

井冈蜜柚根系可以吸收土壤中各种营养元素外，其叶片、枝条、果实表面也有较强的渗透吸收营养养分能力，利用这一特性进行根外追肥（又叫叶面喷肥），可使叶片等迅速地直接吸收各种肥分，对于保果壮果、调节树势、改善果实品质、矫治缺素症、增强树体抗冻性具有很大作用。

（1）根外追肥肥料种类及使用浓度见表8-1。

表8-1　根外追肥肥料种类及使用浓度表

肥料种类	喷布浓度（%）	肥料种类	喷布浓度（%）	肥料种类	喷布浓度（%）
尿素	0.3~0.5	硝酸钾	0.5	硝酸镁	0.5~1.0
硫酸铵	0.3	柠檬酸铁	0.1~0.2	硼酸（砂）	0.1~0.2
硝酸铵	0.3	硫酸锌	0.1~0.2	钼酸铵	0.3
过磷酸钙	0.5~01.0（滤液）	氧化锌	0.2	高效复合肥料	0.2~0.3
磷酸二氢钾	0.2~0.4	硫酸锰	0.05~0.1或0.3（加0.1熟石灰）	钼酸钠	0.0075~0.015
草木灰	1.0~3.0（浸提滤液）	氧化锰	0.15	氯氧化铜	0.18
硫酸钾	0.5	硫酸镁	0.1~0.2		

（2）根外追肥时期。保花保果为目的时，应在5月中下旬花开2/3开始，每隔10天左右，喷磷酸二氢钾、高效复合肥，有机肥与无机肥的螯合液2~3次，喷施后着果率明显提高，而且不同程度地提高了果实品质，尤以喷磷酸二氢钾的效果最为显著。尿素和磷酸二氢钾可以混合喷射，混合时浓度可各降低一半。9—11月进行根外追肥有促进花芽分化的作用。

叶面喷钾，既可矫治缺钾症，又可以减轻裂果现象。在开花前或开花时喷布硝酸钾可以促进花和幼果的生长。根外追施硝酸镁可有效地矫治缺镁症。对于患缺硼症的蜜柚，于4—6月喷施10%速溶硼肥1 000倍1~2次，就能达到矫治的目的。

（3）根外追肥好处。①利用率高；②效果快；③减少污染；④量小肥效大，节约成本。

叶面喷施氮，既能节约肥料，又能减少环境污染。全部土壤施用氮肥，则会明显增强硝酸根离子对地下水的潜在污染。如部分氮施入土壤，其余采用叶面喷布来补充，则能降低硝酸盐的污染程度。

（4）根外追肥注意事项。一是喷施浓度要结合天气和植株生长状态。幼果期及高温季节宜淡些，过浓会伤叶伤果，严重时引起落叶落果。反之，则可浓些。二是喷施时间，一天中以10时前，16时后黄昏为宜。三是与农药混合使用时，必须弄清是否会发生化学反应，酸碱性不能混用。

（三）省力化施肥技术

土壤施肥用工量大、劳动强度高，对柚树根系损伤也较重。鉴于近几年来劳动力成本大幅上涨，因此，很多井冈蜜柚基地改良了施肥措施，同样实现了丰产、高效目标。主要技术要点如下。

（1）减少土壤施肥次数。将常规的芽前肥、壮果肥、采前肥改为重施基肥、补施壮果促梢肥，四次施肥变成二次施肥，减少施肥用工和伤根量。

①重视基肥。在10月底至12月中旬，根据树势和挂果量的情况，深沟（30~40cm）土施枯饼3kg、高含量硫酸钾复合肥0.5~1kg、钙镁磷1kg、石灰1kg、有机肥8~10kg，利用有机肥的缓释长效性满足柚树生长结果的营养需求。

②补施壮果促梢肥。在7月中旬前，采取环状沟（20~30cm深）施硫酸钾复合肥1~1.5kg、P肥0.5kg，确保果实发育和早秋梢健壮整齐。壮果促梢肥的施用要选择在雨后进行，并在放秋梢前灌水1次，确保秋梢抽发整齐并发育健壮。

（2）增加根外追肥。在4—10月柚树生长季节，结合病虫防治叶面喷施肥料及营养液。叶面施肥是通过气孔吸收养分的一种施肥方法，具有经济、简单、快速等特点，但因叶面施肥用量少，肥效不能持久，只能作为土壤施肥的补充手段，在生产中可根据柚树生长物候期或缺素（肥）状况而进行。叶面施肥浓度不宜过大，否则会伤叶。喷施时间以阴天、风小或晴天的早晚进行，否则因蒸发过快，吸收量少而效果差。

三、土壤管理

成年柚园土壤管理通常有 3 种方法，即生草法、覆盖以及清耕法。

（一）生草法

可任其自然生草或种植绿肥、间作物，具体参考幼龄柚园管理。

（二）覆盖法

1. 覆草

6 月中下旬，在蜜柚园土壤表面，尤其是树盘上覆盖稻草、秸秆、谷壳、厩肥等。要求覆盖厚度为 20～25cm，离主干 10cm 左右。

覆草优点：一是稳定地温，高温干旱季节可以降低地表温度 10℃左右，避免高温灼伤根系，冬季可以提高土温 3℃左右，缩小土温的昼夜上下、季节温差，提高抗寒能力。二是保温，减少土壤蒸发，提高土壤含水量。三是抑制杂草滋生减轻草害。四是防止水土流失。五是疏松土壤，有利微生物活动和根系养分吸收。六是提高土壤有机质和有效养分含量。

覆草缺点：大型基地全园覆盖材料缺乏，投资劳动力增大，难以全园实施。因此，生产上一般采用树盘覆盖。

2. 地膜覆盖

用农用地膜取代草来进行覆盖柚园，反光膜效果更好。

地膜覆盖优点：一是提高产量和品质，由于反光作用增强柚树光合能力，着果率、单果重都要提高，果实外观更美观。二是改善根际环境，促进根系吸收能力。三是保水保肥。四是水土、肥料流失减少，提高了肥效。

地膜覆盖缺点：连年地膜覆盖会造成根系上浮，抗寒抗旱抗逆能力减弱，土壤中有机质下降。

（三）清耕法

清耕法是指成年蜜柚园不种任何作物，常年多次中耕，或用除草剂（草甘膦、草铵膦）轮换除草。清耕法虽然能保持土壤疏松通气，促进微生物活动，减少杂草和病虫害，但是全园过度中耕，或者频繁中耕无草会造成表面根系根量减少，土壤裸露，加剧有机质消耗和水土流失等缺点，而且劳力投入太大。因此，不宜提倡，而应提倡生草法和覆盖法。

四、水分管理

井冈蜜柚同其他柑橘一样，光合作用、吸收和蒸腾作用、生长发育和开花结果都离不开水，通常认为土壤含水量相当于田间持水量的60%~70%时，最适宜柚类的生长与结果。在不同物候期对水分的需求也不同，尤其是坐果至幼果形成期、果实膨大期、霜冻来临前等对水分敏感期更要注重水分管理。

（一）灌水时期和灌水量

灌水时期要根据柚树需水规律和土壤持水量来确定，一般的操作方法如下：发芽前后到开花期如遇春旱，15~20天不下雨，应灌水；6—7月如遇伏旱要及时灌水；8—9月果实膨大期如遇秋旱应灌水；采果后为恢复树势和安全越冬防冻害要灌水；土壤持水量低于田间持水量的50%，叶片出现卷叶现象，手摸叶片有柔软感时应灌水。

灌水量要根据季节、树龄、土壤质地、空气温度、蒸发量、地形和地势来确定，总的要求是以灌水量达到水分浸透根系分布层为度。幼树宜少量多次，成年树宜足量少次，沙质土宜适量多次，黏性土保水性好次数宜少，地势高坡度大的柚树园灌水要足量。

（二）排水

排水不良对柚树危害很大，常会引起叶片发黄、落叶，根系生长弱甚至烂根死亡，病虫害加剧等。所以在低洼地、河滩地地下水位过高和水田的柚树园，要特别注意排水。一般4—6月多雨季节更要做好疏通排水沟渠的工作，总体原则是：园外排水沟要与园内排水沟相通并低20~30cm，园内排水沟要与园内的扩穴沟相通并低20cm左右，确保土壤中根系生长层不积水。

五、肥水管理新技术

（一）水肥一体化技术

水肥一体化是借助压力系统，将可溶性固体肥料或液体肥料，按土壤养分含量和作物需肥规律和特点，使肥液与灌溉水一起，通过可控管道系统、均匀、定时、定量浸润作物根系生长发育区域，是将精确施肥与精确灌溉融为一体的农业新技术。永丰县果业局高慧宗高级农艺师在脆皮金橘园中使用后认为，水肥一体化技术可以大幅度提高化肥利用率，提高养分的有效性，提高金橘的产量和质量，提高金橘的商品率，并可以节省施肥和灌溉的用工量和用时，有效降低生产成本。他认为水肥一体化技术有很多突出优点：容易做到水肥一体化，实现灌溉和施肥不下地；做到果园每株树均匀供水供肥，不受地形和高差的限制；灌溉和施肥的效率高，几百上千亩的灌溉和施肥任务一人可以在两三天完成；经久耐用，系统寿命可达 8 年以上；果树生长快，产量高，品质好。

水肥一体化技术要点如下。

1. 建立微灌系统

首先需建立一套灌溉系统。水肥一体化的灌溉系统可采用喷灌、微喷灌、滴灌、渗灌等形式。灌溉系统的建立需要考虑地形、土壤质地、作物种植方式、水源特点等基本情况，因地制宜。

2. 制订灌溉施肥方案

灌溉制度的确定：根据种植作物的需水量和作物生育期的降水量确定灌水定额。露地微灌施肥的灌溉定额应比大水漫灌减少 50%，保护地滴灌施肥的灌水定额应比大棚畦灌减少 30% ~ 40%。灌溉定额确定后，依据作物的需水规律、降水情况及土壤墒情，确定灌水时期、次数和每次的灌水量。

（1）施肥制度的确定。微灌施肥技术和传统施肥技术存在显著的差别。合理的微灌施肥制度，应首先根据种植作物的需肥规律、地块的肥力水平及目标产量，确定总施肥量、氮磷钾比例及底、追肥的比例。作基肥的肥料在整地前施入，追肥则按照不同作物生长期的需肥特性，确定其次数和数量。实施微灌施肥技术可使肥料利用率提高 40% ~ 50%，微施肥的用肥量为常规施肥的 50% ~ 60%。

（2）肥料的选择。选择适宜肥料种类。可选液态肥料，如氨水、沼液、腐殖酸液肥，如果用沼液或腐殖酸液肥，必须经过过滤，以免堵塞管道。固态肥料要求水溶性强，含杂质少，如尿素、硝铵、磷铵、硫酸钾、硝酸钙、硫酸镁等肥料。

3. 灌溉施肥的操作

首先，将肥料溶解与混匀。施用液态肥料时不需要搅动或混合，一般固态肥料需要与水混合搅拌成液肥，必要时分离，避免出现沉淀等问题。

灌溉施肥的程度分 3 个阶段：第一阶段，选用不含肥的水湿润；第二阶段，施用肥料溶液灌溉；第三阶段，用不含肥的水清洗灌溉系统。

（二）简易灌溉施肥技术

万安县果业局开展了简易设施灌溉施肥技术的示范、推广、应用工作，实现了降低劳动强度和丰产稳产目标，获江西省技术改进二等奖，也得到了广大果农的认可。现将技术措施简介如下。

1. 改自然浇灌或人工浇灌为设施灌溉

考虑到滴灌、喷灌等设施灌溉成本高的现实，首先构建简易灌溉设施。即在果园建园之际，在制高点设置并建立蓄水池，沿山体分脊线埋设 PVC 塑管，设立球阀开关。在需要浇灌时用软管浇水。既能方便灌溉，保证作物对水分的需求。又可利用山体自然落差，节省动力装置，节约生产成本，降低劳动强度。具体操作方法如下。

（1）蓄水池建设。在开发园按照地形地貌划分作业区。每个作业区选一制高点建蓄水池，池容按 5 亩/m³ 标准设立。先下挖 1m 左右池基，修平底面及四边立面，底面浇水泥防下渗开裂。砌砖成形，水泥抹面。

（2）管道铺设。先铺设 ϕ60mm 的 PVC 塑管做进水管，有自然水源采集的果园则安装引水管即可。再按山脊线埋设 ϕ45mm 的 PVC 塑管做下水管，最后根据作业小区的道路安装 ϕ25mm 的 PVC 塑管做给水管延引到种植条带，设立球阀开关。

2. 改扩穴施肥为肥水沟施肥

在果园建园时，先开挖内斜式种植条带，再在种植条带内侧修建竹节沟时进行改良、开挖深 40~50cm、宽 10cm 的肥水沟，沟底埋 5cm 左右的细沙。在需肥时节直接在肥水沟施肥，施肥后加一薄层砂土即可。一能减少扩穴劳动量，二能减少对根系的伤害，三能起到蓄水保旱效果，四能起到雨季分带截流的作用，减少地表径流。具体操作如下。

（1）肥水沟建造。新开发园，于整理水平条带时于条带内侧直接修建，已种植园视种植带山形补建。要求深 40~50cm、宽 10cm，沟底水平面根据山形走向有 5℃ 左右的倾斜度，并铺 5cm 左右细沙，以利于浇灌。

（2）肥水沟管理。幼龄园仅作竹节沟性质使用，不施肥，可覆草。追肥于肥水沟垂直方向环状施肥。成年园则于春季、壮果期、基肥季节直接在肥水沟施肥，施后盖一层薄土。

六、井冈蜜柚成年树修剪技术

修剪是树冠管理的一项重要工作，通过修剪可调节营养生长和生殖生长保持相对平衡，控制分枝级数，防止内膛郁闭，调节树体营养，防止早衰和病虫害滋生，以达到持续丰产、稳产、优质的目的。

（一）井冈蜜柚结果习性

柚的芽具早熟性，一年能抽发多次，容易形成树冠。柚的枝干上还有处于休眠状态的隐芽，受刺激会促使隐芽萌发，发育成新枝，这是更新复壮树势的依据。

在吉安市，井冈蜜柚一般在一年中抽生 3 次新梢，即春梢、夏梢和秋梢。柚的枝梢分枝角度对生长与结果有很大的影响，分枝角度小，枝梢抽生直立，其顶端优势强，生长旺盛，营养积累少，不利于花芽分化，而水平枝与下垂枝则相反。为此，在农业措施上，常用拉枝办法使分枝角度增大，促进提早结果。

井冈蜜柚的结果母枝主要是春梢，尤其是树冠内的无叶春梢（因叶片少，又称为光秆枝），是柚的主要结果母枝。秋梢亦可作为结果母枝，但结果多时，秋梢抽生较少。

井冈蜜柚的结果枝多为花序果枝，即有叶花序果枝和无叶花序果枝两种类型。有叶花序果枝为带叶的结果枝，除顶端有花外，其他各叶腋也多着生花蕾，或在新梢顶端抽生一总状花序，有叶花序果枝花数 4～8 朵。无叶花序果枝上无叶或仅有 1～2 片极小叶片，枝上着生 3～45 朵花。

（二）修剪的目的

1. 整形修剪的目的

井冈蜜柚是多年生植物，生长结果年限长，生长势旺，一年能多次抽梢，如任其自然生长，树冠内枝条容易重叠，造成树形紊乱，势必形成树冠内部郁闭，通风透光不良，因而病虫滋生，树势衰弱，致使产量和品质下降。通过整形修剪能培养丰产稳产树形，能有效调节树体的营养枝和结果枝比例，调节生长与结果之间的平衡关系，能延长结果年龄和树体寿命，从而达到增加经济效益的目的。

2. 修剪的作用

井冈蜜柚任其自然生长，树冠枝条容易重叠交叉，造成树形紊乱，导致树势早衰，出现产量和品质降低等不良现象。整形修剪的主要作用如下。

（1）使在一定树冠内叶数加多，增强光合作用。柚树为常绿果树，无论在冬春期还是在夏秋期修剪，虽然一时减少叶数，如若修剪得当，新生的叶数会比原来的叶数更多，或叶数虽减少，而因其适度减少，不荫蔽其他部分的叶，使其他部分日照增多，光合作用增强，对树体强壮和果实生产是有利的。柚树的营养全靠从根所吸收的肥水和叶光合作用而来的养分。肥料施用虽充足，如果因修剪多损伤枝叶，而致光合养分的生成减少。所以如修剪后，新生叶增加不多，或光合作用反减退，这不是正确合理的修剪方法。

（2）使树冠适度扩大，并使其表面多凹凸，以增加结果容积和表面积。柚树在自然状况下形成的树冠为扁圆形或半圆球形，表面枝叶密生而平整，正如一把开张的凉伞，阳光仅能透射表面，下部或中心不免被荫蔽而结果少。整枝修剪时常使树冠尽量扩展，同时使树冠向空中适度耸立，并使其表面多凹凸，增加表面积，则结果容积自能增大，而为丰产打好基础。

（3）使树冠各部结果均匀，或合理负担果实的生产。柚树各枝相互间的养分、水分互相争夺。如果各枝结果不均，则多结果的枝的果实，因养水分不足而果实变小，结果少的枝的果实成为大果。修剪时要适度调整结果母枝数量和疏花、疏果程度，力求各枝合理负担，果实的大小和品质可以比较整齐一致。

（4）辅助矫正大小结果现象。柚树本年如果多而为大年，因结果多，负担重，全树生长势较弱，花芽分化不足，因而易致次年结果少而成小年。小年结果少，负担轻，结果母枝花芽分化正常，其次年又成大年。这样大小年相间而来，就成所谓大小年结果现象。修剪时常注意调节生长作用和结果作用，使二者相对平衡。在树上结果母枝多时，适当疏去或作为更新母枝修剪，在结果母枝少时，则尽量多保留，并疏删密生的枝，力求阳光充足，以提高结果率，同时多疏去采果后的老结果枝，以免次年结果母枝的生产过多。这样适度调节生长和结果，再加上疏花、疏果及其他肥培管理，则大小年就有克服的可能了。

（5）更新枝群。主枝、副主枝等骨干枝为树冠的骨架，一经选定，宜培养之使其坚强粗壮，并挺直不曲，以便养水分流通多而便利，且负荷力强，能负担其上所着生的枝叶和果实的重量，兼能抵抗风吹、雨打或雪压。因此除特殊情况外，一般不必进行更新，但其上所生的侧枝群，直接负担发生新枝叶和结果的任务，不能任期老衰，宜随时依修剪去旧换新，保持生气勃勃。柚树由于是内膛弱枝结果，更要重视内膛枝更新，这样才能多开花结果，而果实品质优良，经济寿命得以延长了。

（6）提高抗逆力，减少病虫害。柚树为常绿树，较其他落叶果树受病虫侵害多。整枝修剪得宜，则构成树冠的枝条不论粗大的骨干枝或细小的侧枝和绿枝都有一定数量和配置间隔，而使枝叶不密生，通风透光。同时，年年把老衰或有病虫的枝梢剪去，而留新枝代替。还因柚树叶片大而密，适当疏去密生枝，可改善树体内膛小气候，增强树体的抗逆力，使病虫不易寄生而蔓延，就可减少其侵害，而树体得以保持康健，产量也可以提高了。

（7）便于肥培管理，降低生产成本。柚树为乔灌，丛生性强，由于柚果重，结果后，结果枝组又易下垂枯枝，如果放任不进行整枝修剪，则枝条混乱，采收及病虫害防治等都感不便，而工效降低。合理进行整枝修剪而后，树冠高低或大小适度，主枝和侧枝分布均匀，树间留有适当距离，树干也保持一定高度，便于机械化（省力化）管理，更能提高功效，同时病虫减少，可以少用药剂，减少防治用费，减轻生产成本。

综上所述，修剪目的或效果是在使树冠有一定适于丰产的合理姿态和大小，每株树均有合适的土地与空间，增强光合能力，同时使肥培管理容易，节省成本，增加劳动效率。因此，首先在重视肥培管理基础上，善于运用修剪技术，使肥培效能更提高一步，确保丰产稳产。

（三）修剪的基本方法

井冈蜜柚修剪常用多种修剪方法调节树体的营养生长和生殖生长，合理利用光照，其中最常见的方法有以下几种。

1. 抹芽与除梢

新梢抽发后，按去弱留强的原则，抹除部分新梢，选留方向分布合理、生长角度合适的枝梢，促其健壮生长。

2. 摘心

新梢留 20 ~ 25cm 摘顶，促进新梢健壮和促发下级枝梢，扩大树冠。

3. 拉枝

在新梢木质化前通过拉、撑、吊等手法改变枝梢生长角度和生长方向，促进枝梢分布均匀，结构合理。

4. 疏剪，即疏除

对直立枝、密枝和衰弱结果枝从基部疏除，改善通风透光条件，调节树冠内部或下部枝条的养分积累，促进内膛结果和降低荫闭度。

5. 截，即短截

对一年生枝梢进行短剪，促发新梢，扩大树冠或培养成下年的结果母枝。井冈蜜柚枝梢有短截越重、剪口芽抽发越旺的特性，在生产中要根据实际需要选择短截程度和剪口芽的方向。

6. 缩，即回缩

对多年生枝组回缩至强壮枝梢处，培养新的枝组，促进局部或整体更新复壮，主要起改变枝条角度、密度和生长势的作用。

7. 放，即甩放

对一年生枝梢不动剪，任期自然生长，培养结果母枝，促其抽发结果枝结果。但对直立枝、竞争枝、徒长枝的缓放应结合拉枝进行，以控制顶端优势，达到缓势促花的目的。

8. 环割

对直立旺长枝环割树皮，切断养分运输，5月中下旬环割可防梢果矛盾，起保果作用；9月中下旬环割可促进花芽分化，促进翌年结果。

（四）修剪时期与修剪程度确定

1. 修剪时期

井冈蜜柚修剪可以全年进行，但主要在春季进行，即在2月下旬至3月上旬柚树萌芽前进行。过早修剪，若遇低温，会因伤口过多而遭受冻害。春季修剪可以避免冻害的发生，而且春季萌芽前修剪对树体地上部分与地下部分的平衡影响较小，此时修剪也有利于刺激芽的萌发。夏季修剪是管理较精细的果园常采取的辅助措施之一，主要剪除较弱枝、病虫枝，密切丛生枝，外截徒长枝，促使抽生健壮的秋梢。在秋梢老熟后，采果前也可修剪，主要剪除衰弱结果枝，外截健壮的结果枝，促发良好的春梢。

2. 修剪程度的确定

柚为常绿果树，一年四季必须保证一定的叶片数量，修剪时或多或少会剪去一部分叶片，若修剪量太大，剪除的叶片过多，必然会引起减产和树势衰弱。若不修剪，树冠内部光照条件差，枯枝多，不长新梢也不结果的无效空间比较大，树大而叶片少，产量低。所以必须科学掌握修剪量，总的而言，柚树修剪量相对宜轻。

（1）年修剪量。蜜柚修剪程度的合适与否，一般以剪去叶片数量的多少为标准，而不像落叶果树以枝条重量计算。通常以剪去叶片总量的20～25%为限度，叶片少，生长势弱的树，应降低到10～15%。树冠中的徒长枝，没有利用价值，应及时剪去。

（2）确定修剪量大小的原则。根据地下部分与地上部分的关系，正确掌握修剪程度。柚树根系发育良好，树冠的枝叶生长也茂盛。枝叶生长茂盛，又促进根系发育常保持一定的平衡，能自行调节生长的盛与衰。根系小，而树冠相对大时，则枝梢生长转弱，相反，根系大，而树冠相对小时，则枝梢生长转盛。所以，生长旺而不结果的树，经过断根或移植后，根系变小，枝梢生长转缓而能开花结果。同理，要使生长旺盛的蜜柚开花结果，修剪宜轻。要促进生长较弱的柚树发生新枝，抑制结果过多，修剪宜重一些，可交互采用短截和疏剪。树势极弱的树，应以增施肥水，促进恢复树势为主，先只剪枯枝、弱枝，待枝叶抽生较多时，再作合理去留。

（五）井冈蜜柚成年树修剪技术

成年柚树修剪的目的是调节结果和营养生长的平衡，控制分枝级数，防止内膛郁闭，调节树体营养，防止早衰和病虫害滋生，达到丰产、稳产和长寿的目的。

1. 初结果树的修剪

修剪原则：培育短壮春梢、抹除夏梢、促发健壮秋梢。在手法上以疏除徒长枝为主，讲究"外重内轻，上重下轻"。

（1）短截骨干枝的延长枝，保持骨干枝的均衡，防止树冠偏形。

（2）疏去过多春梢。柚外围春梢多而强壮，内膛春梢相对较弱，外围春梢"去强留弱"疏去 1/3～1/2，内膛春梢可多保留，它是培养成结果母枝的基础。

（3）夏、秋梢修剪。及时抹除夏梢，减少幼果期梢果矛盾；8 月上中旬，利用台风后雨水充沛的天气，适时统一放 1 次秋梢，晚秋梢一律抹除，避免冻害发生。

（4）短截枝梢，抑制顶端优势。初结果树顶端优势明显，外围枝梢生长势强，往往会造成梢果矛盾，因此必须对树冠顶部生长过旺的夏秋梢进行短截和抹除，加速横向生长，降低树冠高度。

2. 盛果期树修剪

（1）盛果期树修剪的原则。一年只放一次春梢，抹除夏秋梢，以轻剪为主，以培养结果母枝，调节大小年为目的。

①弱树、挂果多的宜重剪，壮树、挂果少的宜轻剪。

②光照充足处宜轻剪，光照不足的果园宜重剪，土壤条件好的宜重，贫瘠的宜轻，肥水条件好的宜重，差的宜轻。

③来年花量大的，当年修剪宜重，且应短截一些结果母枝，以减轻花量。来年花量少的，当年冬剪宜轻。

④树冠外围中上部宜重，以疏剪为主，中下部和内膛宜轻。封行荫蔽的柚园，株间宜重，行间宜轻。

（2）修剪顺序。依次为：先剪去所有的枯枝和病虫枝，先锯后剪，先大枝后小枝，然后自上而下，从外到内进行修剪，再把剪下来的枝条集中处理。

（3）修剪技术措施。

①保持树冠层次的修剪。成年柚树冠大，绿叶层厚，必须保持一定的层次，才能通风透光。通常是在各主枝绿叶层间、一主枝与相邻主枝的中等骨干枝绿叶层间，均需保持一定的距离，作为"光路"以便阳光射入树冠内部。凡堵塞光路的枝组必须设法剪除，为光线让路。首先应控制树冠外围骨干枝先端的枝组不能过密，应做到大小结合，长短不一，不能齐头并进，上下枝组不重叠，左右枝组不交叉，以利于阳光向树冠内部照射。必须注意密枝组的疏删，对重叠、交叉、直立向上生长等堵塞光路的枝组，应根据去弱留强、去密留匀、剪横留顺、抑上促下、删直留斜等原则，进行修剪。过多的强枝组应删除，留生长中庸部分作结果侧枝，不能任其与延伸枝组竞争。

②树冠下部枝组的修剪。树冠中的骨干枝向前延伸，由于负

荷量增加，常由斜生又变成水平生长，甚至下垂。所以，树冠愈大，先端绿叶层离地面愈近，若不修剪，必然影响树冠下部的通风透光。树冠下部带叶枝与地面应有一定的距离，一般为40cm左右。修剪时，应注意在这一高度逐步更新。在下垂枝组结果后转弱时，删去先端过分下垂部分和衰弱部分，留后部生长较强、斜向上生长的枝组作剪口枝，保持树冠下层的高度。有一种错误的做法是将下部梢下垂或较水平的骨干大枝删减，使树冠下层80~100cm空虚，甚至使树冠下部上翘变成扇形，大大减少了结果容积，很不合算，必须注意纠正。

③下垂枝组的处理。蜜柚的下垂枝组，多是分枝角太大引起的变形而下垂。有的是夏、秋梢长枝，先端较弱，因抽梢、结果而弯曲下垂，由中部壮芽抽生更新枝，形成新的强壮枝组，这样先端成为生长较弱的下垂枝组。下垂枝组一般坐果率较高，在不影响下部枝组向上生长的条件下，可以暂时保留结果。但是，为了保证下部枝组生长，必须对下垂枝组进行回缩修剪，引导向上生长，保持上、下枝组间有一定的距离。

④衰老侧枝的更新修剪。经过一再分枝和延伸生长的侧枝，结果几次后，远离骨干枝，趋于衰老，果实品质下降，应注意更新。最常用的更新方法是回缩修剪，即除去先端衰弱部分，保留基部较强壮的部分，使侧枝变成短而强壮的枝。若整个侧枝上的枝组生长都不太强，可以疏除较弱的枝组，即枝细皮黑、叶小而少的枝组。短截较粗，皮色为黑白纹相间的枝组，促使更新。

⑤结果母枝与结果枝的修剪。采果后，对于生长粗壮且有生长空间的可以短剪保留，没有生长空间，太密的以及长势弱的应从基部疏去。此外，对树冠中的病虫枝、枯枝等，在人力许可范围内，最好剪去，以节约养分，提高果实品质。但是，修剪的重点应放在树冠外围及上部的枝组上，特别要正确、及时处理强壮枝组，保持树冠呈凸凹性，同时注意中下部侧枝的更新修剪。至

于生长量较小的枝组或结果母枝等，不必多剪。

随着树龄的增加或因管理粗放，致使树势衰退，结果外移，内膛空空，枝条抽发少，叶片变小，果形变小，产量大幅下降，变成了衰老树或衰老园。即使加强肥水管理难于达到恢复树势，保持高产的目的，则必需进行更新修剪改造才能恢复高产。

（1）更新修剪原则。重剪为主，以更新复壮、恢复产量为目的。

（2）更新修剪方法。

①枝组更新。对生长基本正常只有少数枝条衰弱的柚树要进行枝组更新，其剪口数量多，伤口小，修剪位置离地最远。其方法为：一是对树冠外部衰弱枝进行短截或回缩。二是疏除内膛过多的骨干枝和侧枝。三是重新选留副主枝。

修剪时注意弱枝强剪，强枝轻剪，要保留强壮枝组、中庸枝组，内膛有叶小枝和无叶小枝都是良好的结果母枝，要尽量保留。通过枝组更新修剪，翌年就可以更新树冠，恢复产量。

②露骨更新。对新梢短少、叶幕少，枯枝弱枝多的柚树，就要进行露骨更新。在2月中旬萌芽前，在距主枝基部1~1.2m处所有大枝都锯断。注意断口保持一定斜度，防止积水霉变，伤口并涂抹石蜡。保留剪口以下的所有枝条并进行短截，促发复壮枝条，培养骨干枝，重新扩冠，恢复树势，一般第2、第3年可恢复结果。

③主枝更新。当柚树受到严重的冻害和病虫害为害后衰退，主枝、侧枝出现衰老，出现大量枯枝、内膛空壳，树冠叶片稀小、叶小梢短、果实小、产量低的时候就必须进行主枝更新，更新剪口离地近，更新程度最大。

其方法为：一是在春梢萌发前，在主枝上60~70cm处将侧枝全部锯掉，促使其重新抽发枝梢，每个截口选留2~3个健壮春梢，培养副主枝。二是春梢萌发后，注意抹除主干上的萌芽，对选留的副主枝要通过摘心、抹芽、抹梢等手法促使树体尽早扩冠。三是更新修剪后的管理。更新修剪后，剪口下会抽发大量的梢，如任其生长，产生丛生枝，树形紊乱，难以恢复树冠与树势。必须进行疏芽，保留少量新梢，每分枝留 2~3 分布均匀枝条，集中养分，促使新梢健壮。当保留下来的新梢在 25cm 左右长时进行摘心，促使提早老熟，促进分枝，分枝过多也应适当疏删，使之尽早形成树冠骨架。

（3）更新修剪后的管理。

①保护伤口防止日灼。更新修剪伤口多且大，容易感染病菌，同时，剪除大量枝梢、主干主枝裸露，易产生日灼现象。因此，伤口要剪平，且有倾斜度，大伤口涂蜡或沥青，或者用塑料薄膜包扎好，防止雨水入侵皮下造成病菌感染，树干主枝刷白反射强光，地面覆盖保湿降温，减少日灼和裂皮。

②疏芽摘心。更新修剪后，剪口下会抽发大量的新梢，如任其生长，则产生丛生枝，造成树形紊乱，难以恢复树冠与树势。必须进行疏芽，保留少量新梢，每分枝留 2~3 个分布均匀枝条，有利于养分集中供应，促使新梢健壮。另外，保留的新梢长至 25cm 左右时摘心，促使提早老熟和促进分枝，分枝过多也要适当疏删，使之尽早形成树冠骨架。

③加强肥水管理。更新树发芽枝多，需充足的养分才能使树体生长健壮。施肥以 N 为主，适当配 N、K 施用，要勤施薄施，全年施肥 7~9 次，在每次梢前后各一次，冬季扩穴施有机肥，保暖抗冻安全越冬。雨季注意排水，以免积水烂根，影响根系吸收功能。干旱时及时灌水，保证枝梢的正常生长发育。

④加强病虫害防治。更新树体，幼嫩新叶新梢多，易受病虫害为害，因此，要勤检查，及时防治好病虫害，保护好新梢新叶，尽早恢复树势。

第九章　井冈蜜柚花果管理技术

花果管理是果树生产的重要环节，是实现果业效益的关键环节之一，井冈蜜柚也不例外。就井冈蜜柚而言，花果管理主要包括促花控花、保花保果、疏花疏果和果实套袋等技术措施。

一、促花控花

井冈蜜柚主导品种都易成花且花量大，但有时因受砧穗组合、生态条件和栽培管理的影响，也会出现多年不开花或花量过少、推迟开花结果的现象，严重影响了正常投产与产量。针对此类现象，生产中常采用控水、环割、环剥、环扎、扭枝、合理施肥和药剂促花控花等措施来促进开花结果。

（一）促花技术

1. 加强肥水管理，培育健壮树势

井冈蜜柚花芽分化需要一定的碳水化合物和激素的积累，这是花芽分化的物质基础，但氮过多会造成植株生长过旺，导致营养生长和生殖生长失去平衡，使花芽分化受阻。对翌年进入结果期的幼龄树不可偏施速效氮，应施有机肥为主，秋梢转绿后，根外增喷 1~2 次以磷、钾为主的叶面肥。对挂果多的树和树势衰弱的树，则应重施壮梢肥，促发枝梢充实健壮，以利于恢复树势、积累养分和促进花芽分化。因此，在花芽分化前的 8 月或 9

月初早施基肥，并控氮增磷，有明显促花效果。如2015年吉水县黄泥洞井冈蜜柚基地，东面地8月扩穴改土，西面地是10月扩穴改土，翌年三年生的柚树8月改土的开花结果量明显多于10月扩穴改土的。

2. 合理修剪，保护良好的结果母枝

井冈蜜柚结果母枝主要为树冠内膛隔年老熟的春梢，少量的结果母枝为一、二年生的夏、秋梢。大多数10cm左右的内膛无叶短粗枝是优良的结果母枝，修剪时要尽量保留。同时，坚持"顶部重，下部轻"的修剪原则，剪去树顶部徒长枝、丛生枝和重叠枝，使内膛光照充足，抹除所有的晚秋梢，适当疏除过密的春夏秋梢，减少养分消耗，促进结果母枝生长充实。

3. 控水、露根、断根促花

对生长旺盛不容易成花的柚树，秋冬季花芽分化期（9—11月）要适当控制水分，以提高树液浓度。在9月下旬至11月上旬期间结合扩穴施肥，将树盘土壤扒开进行露根晾晒，待柚叶出现微卷时再行覆土盖根。或在树冠滴水线处挖20~40cm深环形沟，切断一些粗根，并让其露晒一段时间。人工强迫控制水分可以降低根系对营养物质的消耗，提高枝梢内容物浓度，从而促进花芽分化。露根晾晒时间长短要根据降水和气温变化情况来决定，一般降水较多，时间要长。降水少，时间则短。在异常低温来临时要立即覆土盖根，否则会产生冻害。万安县窑头镇横塘村2004年春植的枳砧红心柚，长势好，生长旺，成冠快，2007年开始挂果，连续多年树旺叶茂，但花少果少。2013年起采取了露根晾晒措施，2014年挂果量大增。据种植户介绍，2013年每株柚树挂果仅10多个，但2014年起连续两年亩均产量超过4 000kg，效果显著。控水要适度，一般在10月开始，控水程度为当年秋梢在中午呈微卷，但早晨又能展开，持续20~25天后，即可停止控水。若控水过度，则造成树体过分失水和落叶现象，影响树势。

4. 环割、环剥、环扎、扭枝促花

吉安地区为亚热带季风气候区，冬季温度低柚树进入休眠期，会停止生长发育。因此，柚树一般不提倡采用环割、环剥等措施来促花，以免削弱树势，可适当采取环扎、扭枝促花。但是，环割等对幼龄旺树有促进开花结果的良好效果，在9月中下旬于主枝处环割韧皮部，阻断叶光合作用产生的碳水化合物往根部运输，从而提高枝梢营养浓度，促进花芽分化，达到促进下年开花的作用。如万安县弹前乡旺坑的酸柚砧红心柚，长势很旺，2013年实施环割措施后，大部分柚树第三年已挂果投产。

环割技术应注意的事项：一不要割主干，宜割旺枝。二不要割整圈，宜左半圈右半圈环割，否则，易造成树势早衰，影响柚树寿命。三是大面积基地不采用环割、环剥促花，对房前屋后零星栽培的旺长蜜柚树采用效果好，值得推广应用。

5. 生长调节剂促花

多效唑是目前柑橘类果树应用最广泛的促花剂。多效唑能有效抑制赤霉素的生物合成，从而降低树体赤霉素浓度，达到促进花芽分化的目的。据中国柑桔研究所试验报告，柚树采用多效唑促花，在花芽开始生理分化后的3个月内（即9—12月）喷施效果较好。用15%多效唑500~600倍的溶液喷雾，第一次在9月中下旬喷药，然后每次间隔15~25天，连喷2~3次，有明显的促花作用。也可土壤施用，即在树冠滴水线开环状沟，株施用15%多效唑5~10g，也可溶于水后淋施。

（二）控花技术

井冈蜜柚花量过大会消耗大量树体养分，导致果实变小，影响果品品质，还会导致翌年开花不足出现大小年。因此，生产中也应注意控花措施，常用控花措施主要有修剪控花和药剂控花。

1. 药剂控花

在上年的 9—11 月对可预料的大年树用 20 ~ 50mg/kg 的赤霉素叶面喷雾，每次间隔 20 ~ 30 天，连喷 2 ~ 3 次，当年有明显减少花量，增加有叶花枝，减少无叶花枝的现象出现。赤霉素控花效果明显，但用量较难掌握，有时会出现抑花过强导致减产，生产中应慎重。建议少采用药剂控花措施，多采用修剪控花措施。

2. 修剪控花

对花量过大的植株，一是在花蕾期疏除部分结果母枝或者短截部分结果枝促发营养枝，减少花量。二是根据留果数量在开花期疏剪部分花枝，减少花量来实现控花。

3. 人工摘花

当花蕾有绿豆大时开始疏花，花量多的柚树多疏，花量少的柚树少疏或不疏。

二、保花保果

井冈蜜柚花量大，落花落果现象也严重，在树势健壮，营养生长与生殖生长比较平衡时，一般可以不采取保果措施而获得高产。但是，树势衰弱或旺长时需要采取保花保果措施方能丰产稳产。

（一）春季叶面追肥

春季，井冈蜜柚处于萌芽、开花、结果和新老叶片交替阶段，贮藏养分消耗多，加之此期土温偏低，根系吸收能力弱，因此，春季叶面追肥能有效提高树体养分，有较好的保果功效。生产中，在花谢 3/4 时和谢花后 15 天常用 0.3% ~ 0.5% 尿素 + 0.3% 磷酸二氢钾或 1 000 倍的氨基酸营养液分别进行两次叶面喷施。

施春肥时补充硼肥，每株施 10% 的硼肥 10 ~ 15g，或在春梢转绿、花期叶面喷施 10% 的速效硼肥 1 000 倍液 1～2 次，可以促进花器发育，保花保果效果明显。

（二）药剂保果

用细胞分裂素、赤霉素等生长激素保果，柚果易出现厚皮、品质下降的问题，生产上尽量少用或不用生长类激素保果。生长调节剂如芸薹素、爱多收有较好的保果效果，用有机营养液喷叶，提高树体养分，可实现保果目的。

（三）环扎、环割保果

旺长蜜柚树新梢抽发多而旺，梢果矛盾较重，可在 5 月中下旬对主枝环割或环扎，阻止营养物质转运，使其地上部分积累营养物质，同时，根部活动也受到抑制，削弱了地上部的枝梢生长，减少了养分消耗，进而提高了幼果的营养水平，达到促进果实生长发育和保果目的。

（四）抹梢保果

井冈蜜柚幼树生长一般较旺，易发春梢，消耗大量的养分，导致花蕾缺少养分，发育不良而萎落。通过抹除部分春梢和早夏梢，可减少树体养分消耗，对保果有促进作用。而夏梢生长与果实发育矛盾大，往往因梢果争夺养分而加剧落果，因此，初结果树夏梢在 3～5cm 长时抹除，能有效提高产量，并能减轻潜叶蛾、溃疡病等病虫害的发生。

（五）异花授粉

井冈蜜柚目前三大主推品种自花结实率很高，不需要异花授粉。但是泰和沙田柚自花结实率低，为提高坐果率，保证丰产、稳产，在生产中除培育健壮树势外，要每亩插花配置土酸柚、桃溪蜜柚或龙回早等品种 2～3 株作为授粉树，或进行人工辅助授粉。

1. 虫媒授粉

在栽种了授粉树的蜜柚园于花期放养蜜蜂，以蜂为媒进行异花授粉，是柚树有效授粉的快捷方式。一般每箱蜜蜂可保证 10 亩果园的授粉，同时要注意花期及花前不喷洒农药，确保蜜蜂和其他传媒昆虫的安全。

2. 人工异花授粉

由于吉安市沙田柚栽培面积较大，而且多数沙田柚基地没有配置或混栽授粉树，因此，采取人工异花授粉是提高其坐果率的关键技术措施。主要方法如下。

（1）花朵直接点授。在晴天或阴天的 8～9 时或 16 时采摘刚开放的花瓣开成十字型的健壮花朵做授粉花。将授粉花摘去花瓣，拔去柱头，把花粉点在沙田柚花的柱头上，一般一朵授粉花可以授 10～15 朵沙田柚花，每株成年树点授约 400 朵花。

（2）毛笔点授。将采下的授粉花轻轻摇落花粉，放在干净的器皿内备用。用毛笔沾上花粉点授在沙田柚花朵的柱头上，每株成年树在内膛和中下部均匀点授 300～400 朵花，当天采集花粉，当天用完，一般不用隔夜花粉。

（3）混合花粉液授粉。将采下的花粉和硼砂、尿素、白糖、蜂蜜、水按 0.5%、0.1%、0.2%、0.35%、0.2%、98.65% 的比例配成授粉液。在阴天或晴天的 9～11 时，16～17 时用喷雾器对当天开放的花进行点喷。连续点喷 1 个星期，不可全园全树喷雾。

（六）加强病虫害防治

在花期和幼果期应加强对花蕾蛆、红蜘蛛、椿象、潜叶甲以及溃疡病、疮痂病、炭疽病等病虫害的防治，减少病虫直接为害叶片和花果而造成的落果，以及因削弱树势而造成的落花落果。

（七）摇花保果

在盛花期如遇阴雨，大量脱落的花瓣和花丝易堆积在幼果上，影响其光合作用，造成转绿不良，且幼果容易感染病害而造成落果。因此，盛花期如遇阴雨天，每隔 2 ~ 3 天摇大枝一次，震落花瓣，以免影响光合作用，有效地提高坐果率。吉水县白竹坪园艺场果农多年采取摇花技术取得了较理想效果，极大地减少了烂果和落果现象。

三、疏花疏果

井冈蜜柚花量大，遇良好气候条件的年份，挂果量大，导致营养枝抽发少，花芽分化差，造成翌年少花少果，出现严重的大小年现象并出现恶性循环，挂果量多还会造成果实太小，影响果品等级，因此井冈蜜柚生产中常采用疏花疏果提高果品品质和防止大小年现象。要将病虫果、畸形果、小果、厚皮果疏除，并按照先上后下、先内后外的顺序进行，同时注意控制花、果在树冠内的均衡分布。

（一）修剪疏花

对大年树，在春季萌芽前适当短截部分结果母枝，促发抽生营养枝，减少当年花量。在现蕾期，对多花的弱树要适当疏剪部分花枝，直接减少当年花量。

（二）人工疏果

疏果要根据枝梢生长情况、叶片的多少而定，在同一生长点上有多个果实时，可"三疏一、五疏二"，按 200：1 叶果比确定留果量。在 6 月中下旬，个头小的果实（主要是晚花果）一律疏去。

四、果实套袋

蜜柚套袋是一项新技术，21 世纪初才开始推广应用，改善果实外观效果极为明显。果实套袋可使果面洁净美观、着色均匀，提高果实外观品质和商品率，减少农药残留污染、机械损伤和病虫侵害，有较高的商品价值，可明显提高蜜柚生产经济效益。2015 年吉安市果业局着手推广井冈蜜柚果实套袋技术，要求蜜柚重点县精品示范园先搞试验示范，并取得了明显效果，果品品质提升，产品价格提高。如 2015 年吉水县白水三分场基地和万安县高陂泗源基地应用了果实套袋技术，当年果品品质提升较大，尤其是外观品质，市场反应较好，明显地提高了蜜柚生产经济效益，套袋果售价提高了 1~2 元/kg，经济效益可观。

（一）果实套袋的重要意义

1. 着色早且均匀

套袋遮光，提早着色，果色浅且均匀一致。采摘前 20 天左右摘袋晒果，着色效果显著提高，外观更光洁，着色更为均匀。

2. 提高果实商品率

套袋可改善果皮结构，提高果面光洁度和品相。因为袋内微域环境稳定，迟缓了表面细胞、角质层、胞壁纤维老化，提高韧性，有效减少裂果等，果面结构得到改善，光洁度明显提高。套袋后病虫难以为害果实，避免了因病虫为害而造成果面伤疤，商品率大大地提高。

3. 果实增大

套袋避免了强光照、紫外线灼伤果皮，有利于果实的增大。

4. 耐贮藏

果实皮孔变小，角质层分布均匀，果实不易失水、褐变，又避免了病虫侵蚀，贮藏病害明显减少，更耐贮藏。

5. 减少污染与农残

避免了农药等化合物与果面直接接触，农药残留量大大降低，其他尘埃等污染物也大为减少。

6. 方法简便，成本低

套袋技术容易掌握，操作方便。每个袋子成本为 0.17 元左右，每个劳动力每天可套袋 800 个左右的果实，按每天人工工资80 元计算，每个套袋果增加的成本为 0.3 元左右，而一个套袋果在市场可多卖 1～2 元。因此，很合算，极大地提高了井冈蜜柚单位面积的收入。

总之，套袋能有效改善果实外观品质，果皮细嫩，果点、皮孔小，角质层分布均匀，疤痕减少，光洁度提高，残留降低，色泽变浅、均匀，果肉更脆，出汁率更高。但套袋使果实可溶性固形物略有下降，风味稍变淡，生产中应配套综合措施，促进果实后期着色和内容物的积累。

（二）果袋选择

1. 大小要求

25cm×40cm 为最适。

2. 质量要求

纸袋要求吸湿性差，外表面上蜡，最好是能微透光的淡黄色纸，可减少日灼。袋子底部一角要留食指大小的小孔，以便漏雨水和透气。一般使用双层纸袋，内层纸颜色为深色，纸强度要好，有韧性，可抗风雨，防破裂脆烂。

（三）套袋时间

1. 套袋时间

一般在 6 月底至 7 月初开始套袋，不同品种套袋时间长短不一。套袋过早，时间过长，会降低果实内在品质。套袋过晚，时间过短，起不到改善果实外观品质等效果。

2. 套袋操作要领

按先套内膛和下部，后套外围和上部的顺序。套袋操作方法：首先，撑开袋口托起袋底，套住果实后使果实在袋内悬空，然后扎紧袋口。注意不要将叶片套入袋内，袋口要扎紧，以免雨水、虫害入侵，袋要下垂，袋孔向下。

（四）摘袋时间与方法

采收前 20 天左右摘袋，摘袋要选择晴天进行，轻轻解除，不损坏袋子，不伤果。摘下来完好的袋子保存起来，来年可再使用一次，节约成本。过早解袋容易返青和导致病虫再次为害果实，过迟解袋柚果着色不鲜艳，一定要把握好解袋时期，确保套袋效果。

（五）套袋配套技术措施

1. 果实增大时增施磷、钾肥和微量元素肥料

丰产树在果实膨大时，每株施用多元素全营养高效复合肥 1~1.5kg，培育健壮树势，提高树体抗性，增进果实着色，提高果实糖度。同时，勤喷含磷、钾的叶面肥，提高果实内在品质和耐贮藏性。

2. 喷药

套袋前一星期，全园喷施一次杀虫、杀菌混合药剂，可选用 800 倍 70% 托布津 + 1 500 倍 2% 阿维菌素混合液防治螨类、蚧

类、黑刺粉虱、烟煤病等病虫害，一般不用铜制剂和乳油，以免造成果面有斑块。喷药晾干后再套袋，如套袋延迟在一周以后，则需要补喷农药。

3. 疏果

套袋前对病虫果、畸形果、粗皮大果、明显小果全部疏除。

4. 疏枝

套袋前疏除过密枝，改善通风透光，便于套袋操作。

5. 灌水

高温干旱时，及时灌水，覆盖降温，减少袋内温度升高产生日灼。

6. 病虫害防治

套袋后及时防治病虫害，特别注意防治入袋害虫。

7. 采果后喷施叶面肥

完熟后适时采收，并及时喷施 1~2 次速效叶面肥补充营养，恢复树势。

第十章 井冈蜜柚的防寒抗冻

柚树冻害是在冬季缓慢生长期间，遇0℃以下的低温或温度骤然下降而致柚树叶、枝梢、主干、根系等器官受到伤害或死亡的现象。我国长江中下游地区，柑橘产区每10～15年就出现一次周期性的大冻；柚树受冻后，轻则引起减产，树势衰弱，重则引起失收，甚至死亡，影响柚类的生产和发展。

低温是柚树发生冻害的直接原因。井冈蜜柚的冻害大多发生在全年最冷月的1月，由气温骤降所引起。井冈蜜柚以年平均温度≥17.5℃、1月平均温度≥5℃、绝对最低温≥-5℃以上为宜；0℃以下的低温或持续时间过长会导致植物细胞组织结冰产生冻害。绝对温度越低，或低温持续时间越长，或降温速度快，或冻后温度上升快，或低温期间风速大，以及冻前久旱或连续阴雨等情况下，都会加重冻害程度。

柚园所处的立地位置影响柚树过冬。如山地之间的低洼谷地，易造成冷空气下沉，产生冻害，风口冻害加重。高山能抵挡冷空气的侵袭，而南坡、东南坡日照时间长，吸收热量多，在山坡中部（中坡）易形成逆温层，一般冻害较轻。

井冈蜜柚品种和树龄的不同耐寒力有差异。以各地的土柚耐寒力较强，井冈蜜柚系列品种中以金沙柚较为耐寒，金兰柚次之，而桃溪蜜柚耐寒力较差。枳砧的耐寒力较酸柚砧强。树龄不同，耐寒力也有差别，幼龄树，营养生长期长，耐寒力较弱，进入结果期后，耐寒力逐渐提高，以成年结果树耐寒力最强，如成年的沙田柚可耐短时间 $-7 \sim -5℃$ 的低温。

栽培管理状况影响柚树抗寒力。大小年结果，采果太晚，施肥不合理（如氮肥过多，秋肥晚施，施肥不足），微量元素缺乏（如缺镁），长期干旱，低洼积水，病虫害防治不及时（如红蜘蛛、潜叶蛾、溃疡病为害严重）等，都会影响柚树的生长发育与营养状况，削弱树势，使抗寒力下降。

一、井冈蜜柚的防寒抗冻措施

井冈蜜柚抗冻性较差，防寒抗冻是柚树特别是幼龄柚园管理的重要内容，柚树的防寒抗冻归纳为"四板斧"：即加强管理、冻前灌水、培土护蔸、树冠覆盖，具体措施如下。

（一）预防冻害

首先是建园地址选择上，选择南坡和中坡、近靠大水体或能抵挡寒潮的天然屏障地建蜜柚园。其次是选用抗寒的砧木如枳、或高砧嫁接苗木栽植。三是加强栽培管理，控制晚秋梢，防治病虫为害，增强树势，提高树体内在的抗寒力；营造防护林，改善柚园小气候等。在冻害来临前进行树体保护（图 10 -1）。

（二）早施、追施采果肥

科学施肥是柚树防寒抗冻的重要措施。一般地说，氮、磷、钾三要素的用量适当，均有利于增强柚树树体的耐寒力。多施有机肥的柚园，而且抗寒力也较强。采果后适当提早施肥，有利柚树根系吸收，恢复树势，增强抗寒力，有利于安全越冬。秋季施肥要防止晚秋梢大量抽发造成冻害。对于幼树，8 月以后不宜施氮肥，树体内氮素含量高，易诱发晚秋梢，不利于幼树进入相对休眠期，降低抗寒力。有机肥宜深施不宜浅施，诱导根系深扎，增强树体的抗寒力。

在不影响果实延迟成熟的前提下，采果肥应尽量早施，即随采随施或未采先施（10月下旬至11月上中旬）。11—12月，叶面喷2~3次0.2%磷酸二氢钾或复合微肥溶液，尽快恢复树势，提高树体抗寒力。

（三）主干刷白

在主干和主枝上涂石灰水，可减低晴天吸热，缩小昼夜温差，以保护树体生理活动正常，减轻冻害，兼有防治病虫害的作用。主干刷白时间在11月中下旬，刷白的高度应稍高于60cm。刷白剂的配制：用1kg石灰＋5kg水＋少量石硫合剂＋50g食盐＋少许植物油调合而成（图10-2）。

图10-1　主干包扎　　　　　图10-2　主干刷白

（四）主干培土

柚树根颈部，其耐寒力最弱。以枳壳等耐寒品种作砧木的嫁接树，虽然很少冻死至根颈处，但近嫁接口部位耐寒力较弱。贴近地面的低空气温最低，又是柚树耐寒力最弱的部位所在，故应进行培土防冻。培土就是利用土温比气温高、并对低温有一定隔离作用的原理对主干进行保护。培土时期应尽量掌握在旬平均气温不高于12℃的相对休眠期内进行，一般在 11 月底至 12 月上中旬培土，至次年 2 月底即及时扒开培土。

培土时还应注意：培土壅蔸，土培至第一层主枝分枝处，高30~40cm，堆成馒头形；培土土源，可以从行间，或园外，淤沟取土，不可在树盘取土，以免伤根；必须要用松散的细土，以免主干及主枝四周留下较大的空隙，引起"漏风受冻"。同时在树盘下，覆盖秸秆、稻草、杂草、树叶、绿肥或塑料薄膜，可减少地面辐射散热。

（五）冻前灌水

灌水可提高土壤湿度，增加土壤热容量及导热率，使土壤表层能从深层得到较多的热量，一般可提高表层土温 2~4℃。同时由于空气湿度的增加，减弱了地面辐射，从而缓解了迅速降温。灌水时间可根据天气预报，在冻前 5~7 天，或 12 月中下旬灌水，灌水量应视树体大小而定，以灌透为原则。没有灌溉设施的，可挑水灌溉，视树体大小，一株 1 桶或 1 担。

（六）树冠覆盖

主要用于幼树树冠覆盖，一方面可以减轻因平流降温而引起的寒风害，另一方面可以减轻辐射降温而引起的霜冻害，同时因覆盖后风速降低，可减少树体蒸腾失水，减轻冻害程度；覆盖物还能起到隔热保温的作用。覆盖对于苗木与幼树的防寒效果很好。三角棚的搭法：在 12 月上旬，对 1~3 年生幼树，用三根竹竿插在树的周围，在外围覆盖遮阳网或草帘等，南面开口，既能防止寒风、霜冻，又能透气；对 4~10 年生树，树冠较大，可用草绳将树冠枝条拦腰束紧，使树冠内形成小气候条件，同时防冰雪劈枝（图 10-3）。

图 10 – 3 树冠覆盖

(七) 熏烟

目前，吉安市造成柚树严重冻害的灾害性天气，一般是 12 月中旬至 2 月上旬出现的大霜冻，即白天温度很高，有时可达 17 ~ 19℃，天气晴朗，晚间突然降至 –3 ~ –1℃，甚至 –5℃，温差太大，极易造成冻害。要注意天气预报，在降温和冰冻之前，在柚园均匀设置发烟堆，4 ~ 6 堆/亩。发烟堆的材料具有可燃性，如枯枝、残叶、杂草、稻草、秸秆、锯末、谷壳等废弃物，每堆用料 20 ~ 25kg。在午夜点燃，熄灭时间在次日日出以后。熏烟一方面燃烧放热，另一方面烟粒与水分形成浓厚烟雾，阻挡了地面和树冠辐射降温，可提高柚园温度。

(八) 摇落积雪

蜜柚是常绿树，冬季枝繁叶茂，叶片易累积冰雪，积雪过重会压裂树枝，融冰时会造成梢叶冻伤。积雪应在未结冰前随时摇落，积冰在中午前后易摇落，将落地冰雪扒在树盘外。摇落时力度宜轻，以免枝叶受伤。

（九）修剪

在 10 月上旬前，必须将未老熟的枝梢全部剪除。修剪不能太迟，否则剪口未愈合，反而加重冻害。

二、冻后恢复

柚树冻后恢复的快慢，取决于两个因素，一是冻害程度的轻重，二是冻后采取的恢复措施是否及时、恰当。柚树受冻，由于地上部的枝梢、叶片遭到破坏，使根系、枝干的生理活动减弱，地上部与地下部失调。

（一）适时灌水

冻后，特别是干冻后，根部和树体更需水，此时灌水，可减轻受冻害程度。在春季要注意开沟排水，做到雨停园干。在伏旱秋干季节要做好防旱抗旱工作，进行树盘覆盖，既可防旱，又可以降低夏季土温；有条件的可根据旱情进行喷灌、滴灌等。

（二）及时松土

柚树受冻后，由于地上部枝叶等器官遭到严重破坏，使根系生理功能减弱，在树盘范围内中耕松土，可以提高地温，使土壤的通透性良好。因此，解冻后立即在树冠下松土，能保住地热，提高土温。在 3—4 月进行中耕，深度一般 10cm 左右，距树干渐远渐深。

（三）加强肥水管理

柚树地上部分受冻后，地下根系一般还比较完好，即地上部分与地下部分处于不平衡状态。在冻后管理上就应当利用比较完整的根系来促使新梢萌发，及时供给根系适量的肥料，使根系迅速恢复吸收和生长功能；但由于冻后树体功能显著降低，根系吸收能力较弱，肥料浓度宜低，施肥带水，薄肥勤施，促进树势恢复。

当3月下旬至4月下旬地上部枝梢大量抽生后，施肥2~3次，逐次适当增加施肥量，以促梢壮梢。肥料以稀薄人粪尿，枯饼粪水，沼液等有机肥为主，也可适当加入些尿素。受冻树当年新梢常常叶小而薄，应在每次新梢展叶时，进行叶面喷肥，一般喷施0.3%尿素加0.2%磷酸二氢钾水溶液。5月下旬春梢停止生长，根系正处于生长高峰，要施一次追肥，促发夏梢。7月中下旬，结合抗旱，重施一次追肥，促发早秋梢。一般冻害树易出现缺锌、锰、铜等症状，可结合根外追肥，喷施所缺的微量元素。

(四) 适时修剪和锯干

柚树受冻后，物候期往往推迟，枝干冻后不如叶片那样易于在短期内识别。如果剪（锯）枝干过早，会发生误剪，如果剪（锯）枝干过迟，又会使树体浪费水分。所以，必须掌握在冻后第一批新梢老熟后，生死界限分明后，适时剪去枯枝或截锯枝干，根据树体受冻程度，冻到哪个部位，就适度剪（锯）到哪个部位。也可分二次修剪，即冻害后先剪去明显的枯死枝干，待萌芽后再剪除所有冻死的枝干。

剪锯后较大伤口，雨水易侵入而加重枯枝或裂皮，必须做好保护工作，一是确保伤口光滑，特别是锯口，要用锋利刀削平粗糙面和周边皮层。二是进行薄膜包裹或涂保护剂，减少水分蒸发，经各地实践，效果较好的保护剂有凡士林250g加多菌灵5g，石灰桐油浆，波尔多浆，石灰硫黄合剂细渣等。对于锯口大的伤口，在涂保护剂前须把锯口剪平，用75%酒精或0.1%高锰酸钾消毒伤口。

（五）涂白防晒护干

由于冻后大剪，枝叶量少，枝干裸露，极易遭受日灼，造成枝干裂皮。因此，受冻柚树，在5月上旬后就要刷白，以防日灼而造成树干、树枝裂皮。涂白剂配方：石灰5份，石硫合剂原液1份（或硫黄粉0.5份），食盐0.1份，桐油0.1份，水20份。

（六）防治病虫害

由于受冻柚树枝叶损伤，枝干裸露，除夏季高温季节易受日灼裂皮外，枝干受冻裂皮后很容易引起树脂病、炭疽病、脚腐病、爆皮虫等病虫发生，引起树体衰弱。重点是要预防树脂病的发生，同时注意螨类、潜叶蛾和凤蝶的防治，保护枝叶的正常生长，促进树势恢复。

第十一章　井冈蜜柚的病虫害防治

吉安市气候温和，雨量充沛，为柚类生产提供了优越的自然条件，同时也为病虫害滋生造就适宜的生态环境。从历史记录和近年病虫发生状况来看，目前江西省柑橘病虫种类繁多，柚园主要病害有溃疡病、炭疽病、黄斑病，其次有树脂病、疮痂病、黑星病、脚腐病等；主要虫害有红蜘蛛、潜叶蛾、锈壁虱、介壳虫、柑橘粉虱、黑刺粉虱，其次有天牛、花蕾蛆、潜叶甲、桔蚜、蜡象、卷叶蛾、凤蝶、金龟子和象鼻虫等。

总体原则：预防为主，防治结合，综合防治。具体来讲，一是要加强柚园栽培管理，增强树势，提高抗性。二是要大力推广绿色防控、生物防治、生态防治、物理防治、保护和利用天敌等技术措施。三是要在病虫危害超过经济损失允许水平的情况下，适当采用高效低毒无公害，优先选用生物源农药，适时施药防治。四是调运苗木和接穗等繁殖材料、建立苗圃和新柚园时，要严格实行植物检疫制度，严防检疫对象传播蔓延。

总体目标：井冈蜜柚果品达到绿色食品标准，柚园保持良好的生态环境，病虫为害损失控制在10%以下，主要病虫危害损失控制在8%以下。A级绿色果品在生产过程中可限量使用化学农药；AA级绿色果品、有机果品在生产过程中不使用化学农药。

一、井冈蜜柚病虫害绿色防控综合技术

（一）病虫害绿色防控综合技术

1. 农业防治

（1）建立无毒苗圃，培育无毒柚苗，建无病毒柚园。调运繁殖材料和苗木时要严格实行检疫制度，办理植物检疫手续。要从保护区调用无检疫病虫害的砧木种子（苗）和接穗，种子要进行消毒处理。苗木种植前要进行消毒，最好是选用脱毒苗木建园。

当检疫性病虫害发生时要立即采取有效的法规和技术措施，极力搞好防控工作，把检疫性病虫害控制在最小范围内，直至扑灭。

（2）加强管理，提高柚树抗性。加强柚园管理，实施配方施肥，氮、磷、钾合理搭配，及时补充微量元素；注意排渍抗旱，冬季、早春保温防冻，增强树势，提高树体抵抗力。

（3）冬季清园，主干刷白，减少病虫源。果实采收后，在冬季修剪时剪掉病虫枝叶、枯枝叶，摘除病虫果，刮除卵块、老皮、翘皮，摘除病果、虫茧，集中烧毁，减少越冬虫口基数。并喷施1波美度石硫合剂或99%矿物油（绿颖）150~200倍液，降低病虫基数。

（4）抹芽控梢防治病虫害。在夏秋季，及时抹除零星早发的嫩梢，在大部分末级新梢萌发时才停止抹芽，促其统一放新梢。放梢前剪除病虫枝叶，集中烧毁。可有效减轻潜叶蛾、溃疡病、蚜虫和木虱等病虫为害，减少喷药次数。

（5）利用昆虫的生活习性诱杀或捕杀害虫。主干扎草诱杀早期成虫，在越冬前树干绑草把，诱引害虫栖息、产卵和越冬，在害虫离开草把前收集烧毁，可减少叶甲、象甲的数量。利用害虫的假死性，人工捕杀恶性叶甲、潜叶甲、金龟子、蜡象、象甲等。个体较大的害虫在其发生期也可人工捕杀，如天牛、凤蝶等。

（6）果实套袋，减少病虫害发生和农药污染。在7月中旬左右对柚果进行套袋，可防治吸果夜蛾等为害果实的害虫，也可阻止病菌侵染果实，减轻病害发生。

2. 生物防治

（1）以螨治螨。如在红蜘蛛发生为害高峰前在柚园释放巴氏钝绥螨，可控制红蜘蛛发生。放螨的柚园适度留草或种草、或间种作物，给捕食螨提供良好的生存繁衍条件。巴氏钝绥螨对锈壁虱控制效果不好，这时注意锈壁虱的发生和防治。

（2）保护利用天敌。瓢虫、草蛉、寄生蜂、寄生菌等都是害虫的天敌，如利用寄生蜂防治介壳虫，利用寄生菌防治吹绵蚧、蚜虫等；柚园内适度留草或间作等，给天敌提供良好的栖息繁衍生态环境；同时减少化学药剂施用量和次数；需施药时，选用高效低毒选择性强对天敌杀伤力小的药剂。

（3）性诱剂诱杀害虫。每亩柚园挂放3~5个诱捕器，每月添加一次性诱剂2ml，每2~3个月更换一次诱芯，每星期在诱瓶底滴几滴敌敌畏或直接加洗衣粉水。利用性诱剂可诱杀柑橘小实蝇、潜叶蛾等。

（4）在柚园内种植九里香、无花果等天牛喜欢蛀食的植物，引诱天牛在树上蛀食，集中喷药杀灭成虫。

（5）推广使用生物和植物源农药。防治潜叶蛾、凤蝶、卷叶蛾、刺蛾、尺蠖可用Bt（苏云金杆菌）制剂、青虫菌、球孢白僵菌。植物源农药如烟碱、鱼滕酮、鱼滕精、除虫菊素、苦楝素等，在柚园使用可防治多种害虫。使用生物农药应注意避开高温干旱时，且较化学农药提前2~3天施药。

（6）栽种防护林。可起到为柚园营造小气候环境，阻挡病传播和虫迁飞等作用。

3. 物理防治

（1）利用昆虫趋光性、趋热性诱杀害虫。如安装频振式杀虫灯，可诱杀金龟子、吸果夜蛾、刺蛾、卷叶蛾、凤蝶、尺蠖、蟓象等害虫。

（2）利用昆虫趋色性诱杀害虫。如在柚园挂黄色黏虫板，可诱杀蚜虫、粉虱。每亩柚园挂放 20～30 块，黄板高出树冠30cm，4 月上中旬开始使用，一直到 11 月。

（3）利用昆虫趋味性食饵诱杀害虫。如食饵诱杀吸果夜蛾、柑橘大实蝇等。把烂水果、烂西瓜或煮熟的红薯放入 1% 敌百虫药液中，浸泡 8～10 小时后放到柚园地面上，每亩柚园放 5～10堆，2～3 天更换一次。或用红糖、醋、酒糟、敌百虫、水按1∶4∶1∶1∶10的比例配成糖醋液，装入盆内，每亩柚园放 5盆，每周更换一次。

4. 化学防治

（1）在病虫害达到经济阈值时，进行化学防治。经常调查柚园病虫害，在病虫害达到防治指标时，选用高效低毒低残留的对路农药，适时进行化学防治。配制药液时要尽可能称量准确，不能随意加大农药用量。

（2）做好预测预报，适时喷药。如在春梢及秋梢叶片转绿前要密切注意柚园红蜘蛛的虫情，春梢转绿前当红蜘蛛密度达到100 片叶有 100 头时，就要全园喷药，以降低高峰期的虫口基数，使第一、二次为害高峰不能形成。

（3）混合和交替使用不同的农药，以防止产生抗药性并保护害虫天敌。在柚园同时发生不同病虫害时可将防治药剂混合使用，但要注意农药混用的原则，如碱性农药不能和酸性农药混用；波尔多液、石硫合剂、松脂合剂不能和大多数农药混用，三者之间也不能互相混用；微生物农药不能和杀菌剂混用；相互抑制，降低药效的药剂不能混用，如石硫合剂、波尔多液等含钙的农药，不能同乳剂混用，否则，乳剂易被破坏，产生沉淀，从而降低药效，还会发生药害；作用机理相同的药剂一般不能混用，混用浪费药剂，如敌百虫不和敌敌畏混用。要随配随用，放置时间长影响药效。交替、轮换使用农药，以防止或延缓病虫抗药性产生。

（4）按农药安全间隔期施药。最后一次施药，距采果的天数为安全间隔期。一般杀菌剂安全间隔期为20天左右；杀虫剂安全间隔期为30~40天。因此要求果农在采果前20天停用杀菌剂，30~40天停用杀虫（螨）剂。

（5）喷雾施药要将药液以雾状均匀喷出，不产生滴珠为宜；同时注意以下事项。

①防治病害，应在病害发生前喷保护剂，如波尔多液、代森类（如代森锌、代森锰锌）；病害发生后喷治疗剂，如甲基托布津、喹啉铜、松酯酸铜等具有治疗和保护作用。

②防治虫害要针对所防虫种类及其虫态，而选用药剂。如杀螨剂有的专杀成螨，有的专杀幼螨、若螨或卵。杀螨剂对其他害虫效果很差。

③防治害虫、害螨，应在卵孵化盛期，幼虫低龄期进行喷药防治。

④害虫为害习性不同，有的为害叶正面，有的为害叶背面，喷药要上下里外均匀周到。

⑤喷药要在阴、晴天，无风或微风时进行，刮风、下雨天气和露水未干时，不能喷药。一般施药后4h内下雨要补施。

⑥喷粉剂药可在无风无雨天气喷施，也可在早、晚露水未干时喷施。

⑦高温时石硫合剂、波尔多液、松脂合剂等药剂要慎用，防

止产生药害。

⑧铜制剂如波尔多液、可杀得、噻菌铜等会加重锈壁虱为害。夏秋季（锈壁虱发生为害时）柚园不宜使用，菊酯类农药会加重红蜘蛛为害，在5—6月、9—10月要少用。

⑨药液中加增效剂，如氮酮、有机硅，粘着性差的药剂加少量洗衣粉（浓度不超过1%），可提高药效。

⑩除杂草，应在小草期喷药防治，同时要防止药液飘落到柚树上产生药害。

新型农药要先经过试验示范，证明防治效果好，安全无公害后，方可推广使用。

（6）农药的使用禁忌。

①禁止使用"二高"即高毒、高残留的农药和"三致"即致癌、致畸、致突变的农药。

②限制使用中等毒性以上的农药。

③允许使用低毒农药。

（二）灯光诱杀灭虫技术

灯光诱杀害虫是利用害虫趋光性进行诱杀的一种物理防治方法，是一项重要的生态农业技术。近年来使用较多的是频振式杀虫灯，在柚园每盏灯控制面积为30亩左右，可有效降低有趋光（波）性的害虫产卵量70%左右。它的工作原理是利用害虫较强的趋光、波、色、味的特性，将光波设在特定的范围内，近距离用光，远距离用波引诱成虫扑灯，灯上配有高压电网或频振高压电网触杀害虫（图11-1）。

1. 灯光杀虫意义

（1）操作简便，并能有效地杀死害虫，显著降低果园虫口基数和虫卵量，减少农药使用量，节本增效。

（2）避免了大量使用农药造成对环境的污染和对天敌的杀

伤，对人畜安全，有利于生态平衡，是无公害农产品生产中较为理想的一项植保技术。

（3）诱捕到的害虫没有受农药污染，含有高蛋白和微量元素，可作为鱼、鸡养殖的优质天然饲料。

普通频振式杀虫灯　　　　　　　太阳能杀虫灯

图 11-1　灯光诱杀灭虫灯

2. 使用方法

（1）将杀虫灯吊挂在柚园固定支架上。吊挂高度在 1.5～2.5m 为宜。

（2）接通电源，打开开关，指示灯亮即进入工作状态。

（3）每年 4—11 月挂灯，可诱杀金龟子、潜叶蛾、凤蝶、天牛、蜡象和吸果夜蛾等害虫。

（4）一般设有自动开关灯系统，每天在天黑时开灯，次日凌晨天亮时关灯。

3. 注意事项

（1）挂高 1.5～2.5m 为宜，过低诱虫效果低，过高招风不安全。

（2）通电源后，切勿触摸高压电网；若高压电网上布满成虫残体，必须切断电源后再清除。

（3）在使用中必须使用集虫袋，且袋口要光滑以防伤虫爬出逃逸。

（4）使用电压应为 210~230V；雷雨天应切断电源，以防电压过高烧毁灯管。

（5）出现故障后应先断电，再进行维修。

（三）以螨治螨技术

1. 以螨治螨的意义（图 11-2）

（1）降低化学农药对环境和柚果的污染，改善果园的环境条件，具有显著的生态效益。

（2）防治害螨对蜜柚果实和叶片的为害，增强树势，提高果实品质，改善果实外观。

（3）用捕食性螨类防治害螨，害螨不会产生抗药性，有利于提高防治效果。

（4）用捕食性螨类防治害螨没有农药残留，不会对人畜产生伤害，使用方便，省时省工。

（5）减少了化学农药的施用次数和施用量，降低了防治成本，提高了经济效益。

（6）推广使用太阳能杀虫灯，其节能环保、安全可靠。

图 11-2　以螨治螨技术

2. 以螨治螨操作方法

（1）释放时期。由于早春气温较低会影响捕食螨的活动，且雨水较多，病虫害较多发生，农药使用较多，5月前释放捕食螨效果较差；宜在6月之后释放，释放捕食螨与红蜘蛛的比例可按1∶20进行。

（2）释放方法。装有捕食螨的纸袋，剪除纸袋侧面上方一凹槽（2~3cm，方便捕食螨从袋中爬出）后，用铁丝固定在不被阳光直射，树冠中下部枝叉处，并与枝干充分接触。应选择在晴天或多云天气的10时以前及17时后释放，阴天可全天释放。巴氏钝绥螨每树挂1~2袋，每袋600头左右，每年挂1~2次；纽氏钝绥螨1树挂1袋，1年1次，每袋300头以上。

（3）释放捕食螨前应做好清园和果园生草，具体方法是在释放捕食螨前20天对果园病虫害进行一次防治，预防其他病虫害，压低害螨的虫口基数。果园内生草或播种藿香剂、紫苏为捕食螨提供补充食物和过渡寄主，维持捕食螨种群，将红蜘蛛控制在一个较低的水平。

（4）释放捕食螨后，为了取得更好的效果应注意30天内不要喷任何农药，30天后根据病虫害具体情况，如个别柚树红蜘蛛密度过高时，适当挑治，尽量选择对捕食螨杀伤力小的农药进行防治。如使用噻螨酮、螺螨酯、阿维菌素、三唑锡等进行挑治，不能使用螨危、哒螨灵、鱼藤酮、浏阳霉素、矿物油、烟碱、苦参碱等对捕食螨杀伤力大或残效期长的杀螨剂。

二、主要病害的发生与防治

（一）黄龙病

黄龙病又称黄梢病，是柑橘类果树的一种毁灭性病害，系国内外植物检疫对象。感病植株树势衰退，产量极低，果实品质变劣，直到整株枯死。本病在我国南方柚类产区以广东、广西、福建等省（自治区）比较常见，江西的赣州、吉安也有发生。

1. 症状（图11-3，注：以下图片为柑橘类果树同类病虫害为害症状图）

枝、叶、花、果和根部都能表现症状，但特征性症状是初期病树上的"黄梢"和叶片上"斑驳型"的黄化。全年可发病，一般夏、秋梢发病最多，春梢较少；症状也以夏、秋梢最为明显。初发病时树冠上少数新梢的叶片黄化，形成明显黄梢。

叶片是识别黄龙病的主要依据。叶片的黄化有均匀黄化、斑驳型黄化和缺素型黄化3种类型。在柚树上以斑驳型多见。感病植株发病初期在树冠上有少数枝梢叶脉变淡黄，随后病梢上的叶片以主脉为中线，出现黄绿斑相嵌、斑块大小及部位不对称的斑驳黄化症状，可看到同一病株不同病梢及同一病梢不同叶片的黄化程度不一致，其后病枝上抽出的新梢不能正常转绿，叶片厚硬，提早脱落。病树花期早，花量多，畸形花多，坐果率低，所结果实比正常的小，多畸形，红鼻果，成熟早而汁少、皮厚、味淡。病树极少发新根，老根逐渐腐烂。

初发病树上的黄梢　　　　　　沙田柚叶片斑驳症状

图11-3　黄龙病症状

2. 病原

黄龙病病原菌为类细菌（Rickettsia-Lick Bacteria RLB）。

3. 发病规律

黄龙病主要是通过带病苗木或繁殖材料作远距离传播，柚园内近距离则由柑橘木虱辗转传播而蔓延，在 100～200m 的近距离较易传播，1km 以上的远距离或有树林阻隔便很难传播。

在有柑橘木虱的地方，病树和带病苗木多少，是黄龙病流行和发病程度的主要因素。病树少和苗木带病率低的，黄龙病发展蔓延较慢；病树多和苗木带病率高，则病害流行蔓延迅速，发病严重。

4. 防治方法

黄龙病的防治应采取以杜绝和消灭病原及防止柑橘木虱田间传播为中心的综合防治措施。

（1）严格实行检疫制度。严禁病区的接穗和苗木调运进入新区和无病区。

（2）建立无病苗圃，培育无病苗木。苗圃地必须设在无病区。无病苗圃所用的接穗、种子，要从无病区和无病树上采集，并要进行严格消毒。接穗：在嫁接前用 1 000 单位的盐酸四环素浸泡 2 小时，然后用清水漂洗干净后嫁接；种子：播种前用 55～56℃热水浸泡 50min，并不断搅拌，使受热均匀，晾干后播种。有条件的最好通过茎尖脱毒嫁接技术培育无病苗木。

（3）做好柑橘木虱的防治工作。柑橘木虱是黄龙病的传播媒介昆虫，主要为害新梢嫩叶，成虫喜在空旷透光处活动，世代重叠，卵多产于嫩芽隙缝中，在一芽隙内多的可产卵 200 余粒。防治柑橘木虱要注意品种的合理布局，在同一地段最好栽植同一品种，由于抽梢一致，可减少产卵繁殖机会；柚园四周栽植防护林，林木成长后，有一定的荫蔽度，不利于柑橘木虱活动，而有利于天敌活动；通过抹芽控梢，使新梢抽发整齐，同时做好嫩梢期的喷药保护，药剂可选用 10% 吡虫啉可湿性粉剂 2 000倍液，3% 啶虫脒乳油 1 000 ~ 1 500倍液，2% 噻虫啉微胶囊悬浮剂 2 000 ~ 3 000倍液等。

（4）及时、彻底挖除病树。黄龙病以春梢老熟后的 5 月和秋梢老熟后的 10 月最易鉴别，这两个时期应进行全园逐株检查，发现病株及时挖除并烧毁。挖除病树前应先喷药杀死柑橘木虱，以防带病菌的柑橘木虱迁飞，传播病害。发病率 20% 以上的老果园，挖除病株后应改种其他作物。对病区改造，应大面积连片彻底清除病树和旧树，改种其他作物 1 ~ 2 年后，再重新建柚园。

（二）溃疡病

溃疡病是威胁极大的一种细菌性病害，为国内外植物检疫对象之一。在我国绝大部分柑橘产区均有分布。柚类易感该病。此病为害柚树叶片、新梢和未成熟的果实，引起落叶、枯枝和落果，影响树势、产量和果实品质（图 11 - 4）。

叶片典型症状   柚果典型症状

图 11 - 4　溃疡病症状

1. 症状

叶片初发病时，背面出现黄色或黄绿色油渍状小斑点，以后逐渐扩大，在叶片正反两面不断隆起，成为近圆形、木栓化的灰褐色病斑，病部表面破裂，似火山口状，病斑周围有黄色晕环，在逆阳光下可见紧贴病斑周围有一圈很窄而透明呈淡黄色油渍状的环带围绕整个病斑边缘，病斑可以一个或几个聚生在一起。

枝梢、果实的病状和叶片相似，但裂口更明显，无黄色晕环，而有深褐色釉光边缘。

2. 病原

溃疡病为细菌性病害。

3. 发病规律

病菌在病部越冬，第2年新梢抽生和幼果形成时，越冬病菌借风、雨、昆虫、器具和交叉枝条间的接触作近距离传播，雨水是传播的主要媒介。远距离则主要通过带病菌的苗木、接穗和果实传播。病菌从气孔、皮孔、伤口侵入幼嫩组织。病菌生长最适宜温度为20～30℃，超出一定范围，病菌将会受到抑制。在适宜的温度下，寄主表面还必须保持20min以上的水湿，病菌才能侵入为害。在高温多雨天气或台风雨后此病常严重发生。一般以夏梢、幼果受害最重，其次是秋梢，春梢受害最轻。再次是生长发育状况，病菌只侵染一定发育阶段的幼嫩组织；刚萌出的嫩梢和老熟的叶片不感染；幼果在横径9mm时开始侵染，28～32mm最易感染，60mm以上时只要无伤口，几乎不感染。潜叶蛾等害虫造成伤口诱发溃疡病严重。

4. 防治方法

（1）严格实行检疫制度。严禁从病区引进带病菌的苗木和繁殖材料，防止病菌传播到无病区。建立无病苗圃，培育无病苗木。

（2）减少柚园病源。在放夏、秋梢前及冬季清园时，摘除病叶，剪除病枝病果，并拿出园外集中烧毁，这是控制该病行之有效的措施。尤其是定植 1~2 年幼树，反复彻底清除病源是最经济有效的、也是最为关键的防治措施。

（3）抹芽控梢。做好夏、秋梢的抹芽控梢工作，统一放梢前先抹除零星抽发的新梢，并在潜叶蛾低峰期放梢。加强对潜叶蛾等虫害的防治，减少枝、叶伤口，减少病菌从伤口侵入的机会。

（4）喷药防治。溃疡病菌侵入出现病斑后才喷药，效果差。因此，用喷药时期应放在病菌最易侵入的嫩梢期、幼果期、果实膨大期及大风雨后这几个时期，发病重的在这几时期都要喷药保护。防治方法：在冬季和春季萌芽前可喷 1~2 度波美石硫合剂 1~2 次。苗木和幼树以保梢为主，各次梢萌发后 20 天、30 天左右各喷药 1 次；结果树以保果为主，可在落花后 10 天、30 天、50 天左右各喷药 1 次；5—6 月病害流行期，暴风雨后及时喷药保护；同时还要注意加强对潜叶蛾、柑橘粉虱等害虫的防治。药剂可选用 77% 多宁可湿性粉剂 400~600 倍液，33.5% 喹啉铜悬浮剂 1 000~1 500 倍液，20% 叶青双 400 倍液，10% 溃枯宁可湿性粉剂 1 000 倍液，20% 叶枯唑可湿性粉剂 500~600 倍液，46% 可杀得 3 000 颗粒剂 1 500~2 000 倍液，30% 王铜悬浮剂 600~800 倍液，77% 氢氧化铜可湿性粉剂 400~600 倍液，14% 铬氨铜水剂 300~500 倍液，3% 金核霉素水剂 300 倍液，0.5% 等量式波尔多液等。

（5）注意。果实膨大期后尽量少用波尔多液等铜制剂，以免产生药斑。使用铜制剂农药后，易诱发红蜘蛛为害，应注意检查防治。

（三）炭疽病

本病是苗圃、柚园及果实贮藏期的主要病害，发病严重时引起大量落叶，枝梢枯死，僵果和枯蒂落果，枝干开裂，导致树势衰退，产量下降，甚至整枝枯死。在贮藏运输期间，还常引起果实大量腐烂。

1. 症状

主要为害叶片、枝梢、果实和果梗，亦可为害花、大枝、主干和苗木（图 11 - 5）。

（1）叶片症状。叶片发病有几种不同类型。

急性型：大多发生在嫩叶上，急性型炭疽病来势凶猛，扩散迅速，在高温多湿的苗圃很常见。从嫩叶尖开始发病，病斑呈"V"字形水烫伤状，病健分界不明显，后期病斑为黄色或黄褐色并产生红色或黑色点粒物，病叶易脱落。

慢性型：一般在老叶或成长叶片上发生，干旱季节发生较多。发病时多从叶尖和叶缘开始，病斑近圆形、半圆形或不规则形，直径 0.3 ~ 2cm，灰褐色，与健部界限明显。后期或天气干旱时，干枯的病斑呈灰白色，表面布满同心轮纹排列的小黑点（病菌的分生孢子盘），这是本病的特征。在多雨阴湿天气，病斑表面可见到红色黏质小点（分生孢子团）。病叶脱落较慢。

（2）枝梢症状。枝梢感病后，由上而下逐渐枯死，病健部交界明显，初期病部褐色，以后扩展到枝梢枯死，并转呈白色。

（3）花果症状。花期发病则引起雌蕊柱头变成褐色腐烂和落花。幼果感病初始，果蒂附近出现褐色病斑，引起落果或腐烂干缩成干果，最后脱落。果梗症状表现为枯蒂。

2. 病原

炭疽病为真菌性病害。

3. 发病规律

病菌以分生孢子或菌丝体在病部组织内越冬，第 2 年在一定温度条件下，由风、雨、昆虫传播，病菌生长适温为 21 ~ 28℃。炭疽病病菌寄生性弱，当树势衰弱时易发病；该病发生和气候、栽培管理关系密切，高温高湿的情况下最易发病和流行叶片转绿前的新梢，偏施氮肥、树势衰弱的树，过熟或有伤口的果实都容易感染此病。

急性型   慢性型

图 11 – 5　炭疽病症状

4. 防治方法

根据炭疽病的发生特点，必须采取加强栽培管理为主的综合防治。

（1）加强肥水管理，提高树体抗病能力。增施有机肥和磷钾肥，防止偏施氮肥和渍水、干旱，培养健壮树势，提高树体抗病能力，是防治该病的关键措施。

（2）搞好冬季清园，消灭越冬病源。剪除病枝、病果，清除地面落叶、落果并集中烧毁，减少病原菌。冬季全园喷 1 次 1 波美度的石硫合剂。

（3）喷药防治。苗圃地或嫩梢期在夏季暴雨后的晴天最易发病，应密切注意，发现病情立即喷药，每隔 5 ~ 7 天喷 1 ~ 2 次，连续喷 2 ~ 3 次。成年柚树于新梢自剪前后，幼果期及果实膨大期（8—9 月）各喷 1 次，"枯蒂"发生严重的地区，则着重在 7—8 月"枯蒂"始期前开始喷药。用药参考：枝梢、叶、花、果实发病率 4% ~ 5% 时则需喷药，如果是急性的，则见症状即要喷药。药剂可选用 0.5% ~ 0.8% 等量式波尔多液，80%

代森锰锌（大生 M45）可湿性粉剂 600～800 倍液，70% 丙森锌600 倍液，22.7% 二氰蒽醌或 70% 甲基硫菌灵可湿性粉剂 800～1 000 倍液交替使用，10% 苯醚甲环唑水分散粒剂 1 000～1 500倍液，30% 苯醚甲环唑，丙环唑乳油 3 000～4 000 倍液，25% 溴菌腈或咪鲜胺乳油 1 000～1 500 倍液等。如已发现病斑，可用10% 士高可分散粒剂 2 000～2 500 倍液、20% 咪鲜胺可湿性粉剂1 000～1 500 倍液等。

（四）疮痂病

本病是柚类的主要病害，主要为害新梢、嫩叶、花和幼果。发病严重时引起大量落叶、落花、落果，果实畸形，品质变劣，产量和商品价值下降。

1. 症状

受害叶片初期出现水渍状圆形小斑点，后变成蜡黄色。病斑随叶片的生长而扩大，并逐渐木栓化，向叶片一面隆起呈锥状疮痂（一般以向反面突出者居多），而另一面则向内凹陷，病斑多的叶片扭曲畸形，严重的引起落叶。幼果受害初期产生褐色斑点，逐渐扩大并转为黄褐色、园锥形、木栓化的瘤状突起，形成许多散生或群生的瘤突，引起果实发育不良、畸形，造成早期落果，后期果实品质变劣。枝梢病斑较小，稍突起，形状和叶果上相似（图 11-6）。

2. 病原

疮痂病为真菌性病害。

3. 发病规律

病菌只侵染幼嫩组织，病菌在病组织内越冬。次年春季气温升至 15℃ 以上和阴雨多湿时，老病斑产生分生孢子，由风雨或昆虫传播到春梢嫩叶、新梢、花及幼果的表皮直接侵入。温度和湿度对本病的发生和流行有决定性的影响。发病的温度范围在

15~24℃，超过24℃即停止侵染；当温度适宜时，湿度成为决定因素，若在新梢抽发及叶片展开时，遇上连绵阴雨，或清晨雾大露重，即易发病流行。一般4—5月间为发病盛期，春梢和果实感病最重。

4. 防治方法

（1）加强栽培管理。做好冬季清园修剪工作，剪除的病枝、落叶要集中烧毁。疏删过密枝条，提高树体内部通风透光条件，降低树冠内空气湿度。

叶片症状　　　　　　　　　　　　果实症状

图 11-6　疮痂病症状

（2）喷药防治。做好春梢、晚秋梢及幼果期的喷药保护工作。苗木和幼树以保梢为主，在各次梢萌芽生长至1~2mm或不超过一粒米长（5mm左右）时喷药1次，10~15天后再喷1次；结果树以保果为主，在春芽萌动至1~5mm时喷第1次药，在谢花2/3时喷第2次药。若夏梢期低温多雨或秋梢期多雨，应各再喷药1~2次，保护夏、秋梢；晚秋梢期喷药视天气而定。药剂可选用0.5%倍量式波尔多液，80%代森锰锌（大生M45）可湿性粉剂600~800倍液，60%百泰（唑醚·代森联）水分散粒剂1 000~2 000倍液，77%多宁可湿性粉剂400~800倍液，10%苯醚甲环唑水分散粒剂1 000~1 500倍液，25%嘧菌酯或吡唑醚菌酯 1 500 倍，60% 吡唑醚菌酯·代森联 1 500 倍，70% 甲基硫菌灵可湿性粉剂 800 ~ 1 000 倍液等。

（五）黄斑病

树势衰弱的柚树发生较多，受害严重叶片上病斑连成块，使光合作用受阻，树势被削弱，引起大量落叶，影响树势；果实受害，果皮出现油脂污斑，影响商品价值。

1. 症状

叶片症状呈现两种类型。黄斑型：在春梢叶片上发病，叶片背面出现单生淡黄色突起小点粒，长大连成脂斑块。褐色小圆星型：在秋梢叶片上发病，初期叶片表面产生赤褐色稍突起如芝麻大小的病斑，成为圆形或椭圆形的病斑，逐渐扩大，中央微凹，变为灰褐色，后期中央变灰白色，时有小黑点，边缘黑褐色稍隆起。果实症状：发生在向阳的果面实上，仅侵染外果皮，形成褐色污脂斑。

2. 病原

黄斑病为真菌性病害。

3. 发病规律

病菌以菌丝体、分生孢子器、子囊壳在落叶或树上的病叶中越冬。次春，病斑上产生孢子，通过风雨传播侵染柑橘新叶，经 2 ~ 4 个月潜伏期后才表现症状，病菌有多次再侵染。病原菌生长适温为 25℃ 左右，5—6 月，温暖（25℃ 左右）多雨，最有利于病害发生。老树发病重，幼壮龄树病轻。春梢发病比夏秋梢发病重。

4. 防治方法

（1）加强柚树栽培管理。对树势衰弱、历年发病重的柚树，要增施有机肥；并采用配方平衡施肥技术，促使树势健壮，提高抗病力。

（2）清园。冬季摘除并清扫地面落叶，烧毁或深埋，减少病菌来源。

（3）喷药保护。结果树在谢花 2/3 时、未结果树在春梢叶片展开后，开始第一次喷药防治，以后每隔 10～15 天再喷，连喷 2～3 次。药剂可用 50%多菌灵可湿性粉剂 800～1 000倍液或 75%百菌清可湿性粉剂 600～700 倍液或 65%代森锌 500 倍液或 0.5%波尔多液。

（六）脚腐病

又称裙腐病、根腐病，受害植株主干基部皮层腐烂，枝叶枯黄，树势衰退，严重的整株枯死。

1. 症状

栽植过深的幼树，多从嫁接口处开始发病；大树一般在主干基部离地面 30cm 左右以内的部位发病。病部褐色不规则，温暖潮湿时，无明显病健组织界限，湿腐，有酒糟臭味，常流出褐色胶液或产生红色霉状物，病部可达木质部，有时可蔓延扩大到主干下半部和根部，引起主干、根群腐烂；天气干燥时，病部干枯开裂，与健部界限明显，扩展缓慢或停止扩展，有些在条件适宜时又恢复扩展为害。病情发展缓慢时，植株具有自身愈合能力。

发病轻的树表现叶色黄化，果实早黄皮厚；病情严重时，大多数叶黄化脱落，枝随之干枯，病树开花多，落果早，残留果小而早黄，味酸苦。若病部环绕主干或根颈部，上部叶片严重黄化，枝条大量干枯，以致全株死亡（图 11－7）。

2. 病原

脚腐病为真菌性病害，已知有 12 种。常见的是疫霉菌。

3. 发病规律

病菌能在土壤或病残体中腐生，在病部组织或土壤中越冬，

图 11 - 7　脚腐病症状

通过雨水传播到根颈或嫁接口部位，从伤口或衰弱处侵入为害。本病在 25～28℃ 的高温多雨季节发生严重，高温干旱季节发生轻。地势低洼积水、地下水位高，土壤黏重、排水不良及土壤干湿变化大的柚园，发病严重。栽培管理不当，使根颈部和根部形成伤口，或施肥不足，树势衰弱，均易发病。柚园栽植过密或间种高秆作物，造成柚园荫蔽潮湿，定植过深，壅土太厚，常会加重发病。

4. 防治方法

（1）采用抗病砧木。尽量采用枳壳等抗病砧木育苗，并适当提高嫁接口位置，以减少发病机会。

（2）加强栽培管理。改良土壤，注意排水，防止长期渍水；不可间种高秆作物，以降低主干周围的湿度；定植不可过深，嫁接口露出地面；耕作时防止弄伤主干基部，并注意防治天牛、吉丁虫等主干害虫。

（3）及时治疗病树。在发病季节经常检查柚园发病情况，发现病株应立即进行治疗。先将根颈部土壤扒开，刮除病部至

0.5~1cm 宽的无病组织，再用毛刷涂药剂于刮除部位，待伤口愈合后再填盖河沙或新土，刮下的病组织必须带出柚园外或烧毁。药剂可选用 1∶1∶10 的波尔多浆，2%~3% 的硫酸铜液或石硫合剂残渣，40% 春雷霉素可湿性粉剂 5~8 倍，25% 甲霜灵可湿性粉剂 100~200 倍液，25% 瑞毒霉可湿性粉剂 200~300 倍液等。也可在病部纵划数条刻痕（每条刻痕相距 1~1.5cm）后再涂药。

（4）靠接抗病砧木。切除病部后，在主干基部靠接 3~4 株抗病的实生苗，以增强和取代原有根系，此法用于幼年病树，效果显著。

（七）煤烟病

因在叶、果上形成一层黑色霉层而得名。本病在我国柚类产区普遍发生，为害叶片、枝条、果实，严重影响叶片光合作用，造成树势衰退，产量下降和品质降低。

1. 症状

发病初期于叶片、枝条或果实表面产生一层暗褐色霉斑，以后逐渐发展成为绒状的黑色霉膜层覆盖发病部位，霉菌仅附在表面生长，不侵入到柚树的组织内。菌膜一般不易脱落，但发病特别严重、菌膜厚的反而易剥离，剥离后枝、叶表面仍为绿色（图 11-8）。

2. 病原

煤烟病为真菌性病害，主要有 3 种，柑橘煤炱菌、巴特勒小煤炱菌和刺盾炱菌。

3. 发病规律

病菌在病部越冬，翌年繁殖出孢子借风雨飞散落于蚧类、蚜虫类、粉虱类等害虫的分泌物上，以此为营养进行生长繁殖，不断扩大为害，引起发病。荫蔽和潮湿的柚园有利于本病的发生。

图11-8 煤烟病症状

4. 防治方法

（1）防虫。防治蚧类、蚜虫类、粉虱类等害虫，是防止煤烟病发生的根本措施。

（2）加强栽培管理。合理水肥管理，合理修剪，改善树冠内部通风透光，增强树势，减少发病因素。

（3）药剂防治。用0.3%～0.5%倍量式波尔多液喷雾。200倍高脂膜或99%矿物油加800倍多菌灵可湿性粉剂喷树冠效果极好，连喷2次，间隔10天，煤层病原物成片脱落。喷99%矿物油可有效减轻煤烟病为害。冬季清园时可用1波美度石硫合剂杀死越冬病菌。

（八）黑斑病

本病主要为害果实，树体严重受害时引起落果和落叶，受害果实品质降低，不耐贮藏，在贮运期间造成腐烂。

1. 症状

主要为害果实，症状有两种类型。

黑星型：病斑圆形，红褐色，边缘略隆起，中部略凹陷，后期病斑中央为灰褐色或灰白色，常长出黑色粒状小点。

黑斑型：初期斑点淡黄色或橙黄色小点，以后逐渐扩大变为黑色圆形或不规则的大病斑，中央略凹陷有许多黑色小粒点。病害严重的果实，表面大部分可以被许多互相联合的病斑所覆盖。叶片上的病斑与果实上的相似。果实在贮运期产生腐烂（图11-9）。

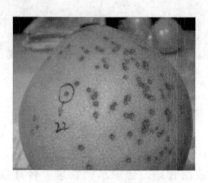

图11-9　黑斑病症状

2. 病原

黑斑病为真菌性病害。

3. 发病规律

病菌在病果或病叶上越冬，翌年春条件适宜时散出分生孢子，借风雨或昆虫传播进行初次侵染。病菌侵入后不马上表现症状，只有当果实或叶片近成熟时才现病斑。春季温暖高湿发病重；树势衰弱，树冠郁密，低洼积水地，通风透光差的柚园发病重。

4. 防治方法

（1）清园。结合冬季修剪，剪除病枝、病叶，并清除地上的落叶、落果，集中烧毁。同时喷1~2波美度石硫合剂，铲除初侵染源。

（2）药剂防治。从谢花后至 1 个半月内，每隔半个月左右喷药一次，连续 2 ~ 3 次。药剂可用 0.5% 倍量式波尔多液，80% 代森锰锌（大生 M45）可湿性粉剂 600 ~ 800 倍液，10% 苯醚甲环唑 1 000 ~ 1 500 倍液，25% 嘧菌酯 1 500 倍液或 43% 戊唑醇 3 000 倍液，50% 醚菌酯或 25% 腈菌唑 3 000 倍液，70% 甲基硫菌灵可湿性粉剂 800 ~ 1 000 倍液等。

（3）加强贮藏期管理。贮藏期认真检查，发现病果及时剔除，控制贮温在 1 ~ 2℃。

（九）树脂病

本病病原菌侵染枝干所发生的病害，称树脂病；侵染叶片、幼果所发生的病害，称砂皮病或黑点病；侵染成熟果实而致腐烂，称蒂腐病。柚树遭受冻害后易发病和流行。

1. 症状

枝干发病后一般表现为流胶型和干枯型（图 11 – 10）。

图 11 – 10　树脂病为害枝干（流胶型、干枯型）

流胶型：大多发生在主干分叉处或其下主干上，病部皮层呈灰褐色或深褐色水渍状，组织松软并有小裂纹，流出淡褐色至褐色类似酒糟味的胶液，病皮层逐渐变褐干硬，裂缝逐渐加深扩大。在高温干燥情况下，病势发展缓慢，病部逐渐干枯下陷，死皮层剥落，露出木质部，四周呈突起疤痕。

干枯型：温度较高而湿度不大时则呈干枯型，病部皮层红褐色，干枯略凹陷，微有裂缝，不立即剥落，无明显流胶现象，在病健交界处有明显突起界线。

2. 病原

树脂病为为真菌性病害。

3. 发病规律

病菌以菌丝体和分生孢子器在枯枝和感病组织中越冬。翌年春暖雨后，产生大量分生孢子，经风雨、昆虫和鸟类传播，从伤口侵入而发病。树脂病在一年中有 2 次发病高峰期，即 4—6 月和 8—9 月。病菌生长最适温度为 20℃。病菌的寄生性较弱，只有植株在冻害、日灼以及剪口等有伤口处才能侵入为害。树势衰弱，也易发生树脂病，肥料不足、氮肥过多、虫害严重能加重病情，尤其在低洼和容易积水的地段发病更为严重。

4. 防治方法

（1）加强栽培管理。保护柚树不受冻、不受涝，避免机械损伤，是预防树脂病的重要措施。如及时施采果肥，以增强树势；冬季做好防冻工作；早春结合修剪，剪去病梢枯枝，集中烧毁，减少病源；夏秋干旱季节注意抗旱浇水防日灼，及时防虫；低洼园地开沟排水。

（2）药剂防治。小枝条发病时，将病枝剪除烧毁。主干或主枝发病时，用刀刮去病部组织，将病部与健部交界处的黄褐色带刮除干净，然后用 75% 酒精或 0.1% 升汞水液进行消毒，再用波尔多浆或接蜡涂于伤口进行保护。也可用刀在病部纵划数刀，超出病部区域 1cm 左右，深达木质部，纵刻线间隔约 0.5cm，然后均匀涂药。药剂可选用 70% 甲基硫菌灵可湿性粉剂 50～100

倍液或50%多菌灵可湿性粉剂100~200倍液或80%代森锰锌可湿性粉剂20倍液，每隔7天涂1次，连涂3~4次。

采果后全树喷1波美度石硫合剂1次；春芽萌发前喷53.8%氢氧化铜可湿性粉剂1 000倍液或20%松脂酸铜乳油1 000倍液；谢花2/3时和幼果期各喷1~2次甲基硫菌灵可湿性粉剂500~800倍液。

三、主要虫害的发生与防治

（一）红蜘蛛

柑橘红蜘蛛又称柑橘全爪螨、瘤皮红蜘蛛等，是柚类的主要害虫，分布于我国各个柚产区，在吉安市发生普遍，为害严重，柚树被害后树势衰弱，容易引起落叶落果。

1. 为害状

主要为害叶片、枝梢和果实。以叶片受害最重，以成螨、若螨和幼螨刺入表皮组织吸取汁液，被害叶片初呈粉绿色斑点，后变为灰白色，失去光泽，严重时一片苍白，引起大量落叶与枯梢；红蜘蛛多在果柄至果萼下和果皮低洼处栖食，被害处出现针点黄斑，常造成幼果脱落，严重影响产量和树势。

2. 形态特征（图11—11）

成螨：形似蜘蛛，体形很小，一般在0.3~0.4mm，椭圆形，暗红色，足4对。卵：扁球形，红色，卵上有柄。幼螨：似成螨而小，淡红色，3对足。若螨：似成螨，但略小，足4对。

3. 生活习性

红蜘蛛有喜光和趋嫩习性，喜在向阳方向为害，一般以树冠中上部和外围叶片受害较重，并常从老叶转移到嫩绿的枝叶、果实上为害。江西一年发生12~17代，世代重叠，以卵和成螨在

图11-11　成螨、若螨和卵

被害叶背、卷叶和枝条缝隙中越冬，翌年3月左右开始大量孵化，越冬成螨也开始产卵，柚树抽生新梢后即迁往新叶新梢为害。一般以春季世代产卵最多，夏季世代产卵最少。各虫态以成螨期最长，其次为卵，幼若螨历期较短。

　　红蜘蛛在田间的发生消长与气候、天敌、人为因子（包括施用农药、栽培措施等）、越冬虫口基数等因素密切相关，尤以温湿度对红蜘蛛的影响最大，在温度较高干旱少雨的情况下发生最为严重。

　　适宜于红蜘蛛的发育繁殖温度为20～30℃，相对湿度60%～70%，超过30℃，不利于发育，自然死亡率增高。夏季炎热或暴雨不利于红蜘蛛的发生。低于20℃则其活动减弱。

　　红蜘蛛田间消长在江西省年度间波动幅度不大，历年均有发生为害，吉安市一年中的红蜘蛛发生呈马鞍双峰型，高峰期主要是4—6月，9—11月，春、秋高温干旱有利于两次高峰的形成。

　　4. 防治方法

　　（1）掌握施药防治三个关键时期。一是越冬卵盛孵期，一般在2月下旬左右；二是在春梢叶片转绿前；三是秋梢叶片转绿前。在这三个时期当红蜘蛛密度达到100片叶有100～200头时，就要全园喷药，以降低高峰期的虫口基数，使第一、第二次为害高峰不能形成。

（2）农业防治。柚园内合理间作和生草栽培，可以间作藿香蓟、苏麻、紫苏等（图 11-12），有利于天敌的保护和繁殖。干旱时及时灌水，提高园内的湿度，有利于寄生菌、捕食螨等天敌的栖息，造成对红蜘蛛不利的生态环境。加强肥水管理，增强树势，提高其抗病虫害的能力。结合修剪做好冬季清园，清园后喷 1 波美度石硫合剂或 12~15 倍松脂合剂，以减少虫源。

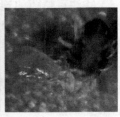

图 11-12　柚园套作藿香蓟

（3）生物防治。一是保护和利用天敌，红蜘蛛天敌种类很多，主要有捕食螨、草蛉幼虫、食螨瓢虫、六点蓟马、草间小黑蛛、食螨瘿蚊、寄生菌等，保护利用得当，可以有效控制红蜘蛛的为害。二是人工饲养释放捕食螨和食螨瓢虫等天敌，进行生物防治。三是实行挑治，保护天敌，部分植株发生红蜘蛛时，不必全园喷药，仅喷中心株及其周围的植株即可。四是优先使用生物源、植物源生物农药，选用对天敌杀伤小的杀虫杀螨剂。

（4）药剂防治。由于红蜘蛛繁殖力强，且易产生抗性，在药剂防治上必须注意以下几点。

①药剂防治的重点应放在开花前，将红蜘蛛控制在每叶 1 头以下。花后一般不全园喷药，实行挑治，或以螨治螨来控制红蜘

蛛的为害。

②气温对喷药效果有影响。在较低温度（20℃以下），即在开花前最好选用机油乳剂、尼索朗乳油、溴螨酯乳油、石硫合剂等效果较好；在春季或晚秋气温较高（25℃以上）的时候，选用三唑锡、苯丁锡等感温型杀螨剂效果较好。

③防止产生抗药性。同一种药剂不可多次施用，一般一年只施用1~2次，以免对其过快的产生抗药性。因此，必须经常轮换或几种农药混用，延缓产生抗药性的时间，以增强效果。

④注意喷药的连续性。使用不能杀卵的农药必须连续喷杀2~3次，夏、秋季每次间隔7天左右，春季每次间隔10天左右。如不连续喷杀，留存下来的卵孵化后虫口便又很快回升。

⑤喷药要均匀。由于红蜘蛛在叶背、叶面、枝条、果实、树冠内膛均有，因此，喷药时一定要均匀，注意不要漏喷，否则为害会更猖獗。

可选用的药剂：5%尼索朗乳油1 200倍液，22%阿维·螺螨酯悬浮剂1 500~2 000倍液，73%克螨特乳油2 500~3 000倍液（小果期气温在30℃以上和成熟期不宜使用），50%溴螨酯乳油1 000~1 500倍液，10%浏阳霉素乳油650倍液，20%哒螨灵可湿性粉剂1 500~2 000倍液，50%苯丁锡可湿性粉剂2 000~2 500倍液，5%噻螨酮可湿性粉剂1 500~2 000倍液，25%三唑锡可湿性粉剂1 500~2 000倍液，20%四螨嗪悬浮剂1 500~2 000倍液，0.36%苦参水剂400~600倍液，95%机油乳剂100~200倍液，24%螺螨酯悬浮剂4 000~5 000倍液，20%丁氟螨酯悬浮剂1 500~2 500倍液，20%吡螨胺水分散剂1 500~2 500倍液，11%乙螨唑悬浮剂5 000~7 000倍液等。

（二）锈壁虱

锈壁虱又称锈螨，是柚园最常见的害虫之一，分布于我国柚产区。

1. 为害状

以成、若、幼螨群集在叶、果和枝梢上，以口器刺破表皮组织吸取汁液。叶片和果实受害后油胞破裂，油脂外溢，经空气氧化后变为褐色或黑褐色，果成黑皮果，叶成锈叶。被害果皮粗糙，严重影响果实商品外观；受害叶片背面呈古铜色，轻者卷曲，叶面粗糙，重者大量落叶，影响树势和产量（图11-14）。

图11-13 成螨

图11-14 果实为害状

2. 形态特征

成螨（图11-13）：虫体甚小，体长0.1~0.2mm，仅能看到一层像灰尘的东西，须用扩大镜才能看清虫体；身体前端大，后端小，状如胡萝卜，淡黄色，两对足，着生于体前端，腹部背面有环纹，腹末端生长纤毛1对。卵：圆球形，极小。幼螨、若螨：似成螨。

3. 生活习性

性喜荫蔽，畏阳光直射，常先从树冠下部和内部的叶片及果实上开始为害，逐渐向树冠外部和上部的果实及叶片蔓延扩展，以叶背、果实背光面及下部虫口密度较高。柚类多在树冠内膛结果，环境较荫蔽，因此，柚树果实常遭受锈壁虱的严重为害。江西一年发生 12～18 代，世代重叠。以成虫在腋芽和卷叶中越冬，春季平均温度达 15℃ 左右时开始产卵，5 月上旬左右迁至春梢叶片为害，5 月中旬以后开始为害果实，6 月以后由于气温升高，繁殖最快，密度最大，7—9 月是为害高峰期，气温低于 10℃ 时老熟成虫开始越冬，冬季低温可引起大量死亡。

表 11-1　红蜘蛛与锈壁虱的对比

项目	红蜘蛛	锈壁虱
为害状	为害叶片、枝梢和果实。叶片为灰白色，失去光泽，落叶、落果，影响产量和树势	为害果实、叶片和嫩梢。果成黑皮果，叶成锈叶，落叶，影响树势和产量
形态特征	成螨形似蜘蛛，椭圆形，体形一般在 0.3～0.4mm，暗红色，足 4 对，体背有瘤状突起，上生白色刚毛	成螨楔形或胡萝卜形，体长 0.1～0.16mm，虫体黄色，身体前大后小，足 2 对，头胸部背面平滑，腹部有许多环纹
生活习性	有喜光和趋嫩习性，喜在向阳方向为害，一般以树冠中上部和外围叶片受害较重，并常从老叶转移到嫩绿的枝叶、果实上为害	性喜荫蔽，畏阳光直射，常先从树冠下部和内部的叶片及果实上开始为害，逐渐向树冠外部和上部的果实及叶片蔓延扩展，以叶背、果实背光面及下部虫口密度较高，环境荫蔽处为害较重
气候条件	适宜于红蜘蛛的发育繁殖温度为 20～30℃，相对湿度 60%～70% 左右，超过 30℃，不利于发育，自然死亡率增高。夏季炎热或暴雨不利于红蜘蛛的发生。气温低于 20℃ 则其活动减弱	锈壁虱繁殖最适宜的温度为 25～30℃，相对湿度为 70%～80%，夏季高温干旱有利于它的发生。夏秋季长期干旱后又突然降雨，湿度增加，虫口数量激增。气温低于 10℃ 时老熟成虫开始越冬，冬季低温可引起大量死亡
发生时期	一般是在 2—11 月，为害高峰期主要是 4—6 月，9—11 月	一般是在 3—11 月，为害高峰期是 7—9 月
防治指标	春芽在 1～2cm 时，100 片叶有螨 100～200 头；春梢 3～5cm 至初花期和秋梢生长期，100 片叶有螨 300～500 头；以后 100 片叶有螨 800～1 000 头，应立即进行防治	5—10 月及时检查虫情，5～7 天检查一次，每叶、果平均有 2～3 头锈壁虱或个别叶、果呈现有灰状物时，应立即进行防治

4. 防治方法

锈壁虱的防治方法与红蜘蛛基本相同，防治锈壁虱必须抓住它在高温干燥条件下繁殖快，虫体小，不易看到的特点进行防治（表 11-1）。

（1）加强栽培管理。结合整枝修剪，剪除过密枝条和病虫卷叶，使树冠通风透光，减少虫源。种植覆盖植物，旱季适当灌溉，保持园内阴湿的生态环境，可减轻锈壁虱发生为害。加强肥水管理，特别是受害严重而又防治失时的柚园，可在喷药时加入0.5% 的尿素，使其迅速恢复树势。

（2）注意检查虫情。从 5 月开始，每 5—7 天在柚园内用放大镜进行检查。每园抽查 5~10 株，每株检查 10~20 片叶片或果实。每叶、果平均有 2~3 头锈壁虱或个别叶、果呈现有灰状物时，应立即进行防治，控制高峰前的虫口基数，使之在 7—9月不能形成为害高峰。

（3）保护利用天敌。锈壁虱的天敌有多毛菌、捕食螨和蓟马等，应注意施用选择性药剂和合理用药，保护利用各种天敌。尽量少用波尔多液，保护锈壁虱的天敌——多毛菌。

（4）保证喷药质量。要求做到均匀细致，树冠上下、内外，果实，叶片正反两面都要喷到，一种农药不能连续使用，应多种农药交替使用。

（5）药剂防治。防治适期，应掌握在害螨初发期，特别是锈螨还没有上果的时候进行防治为宜。锈壁虱发生盛期前（6—7 月）为防治关键时期，药剂防治可选用 50% 硫黄悬浮剂 200~400 倍液，15% 哒螨灵乳油 1 500~2 000 倍液，22% 阿维·螺螨酯悬浮剂 1 500~2 000 倍液，20% 速螨酮可湿性粉剂 3 000 倍液，0.2~0.4 波美度石硫合剂，1% 胶体硫柴油乳剂 300 倍液，洗衣粉 400~600 倍液等。

(三) 潜叶蛾

潜叶蛾又称鬼画符、绘图虫。是柚类主要害虫之一，尤以苗木、幼树受害较重。新梢、嫩叶受害后不能充分发育，卷曲而落叶。发生严重时，新梢、嫩叶几无幸免，影响树势和结果。由于幼虫为害的伤口，有利于溃疡病菌的侵入，常易诱致溃疡病的严重发生。被害卷叶又为红蜘蛛、卷叶蛾等多种害虫提供了聚居和越冬场所，增加了越冬害虫防治的困难。潜叶蛾一般春梢发生少，夏、秋梢抽发期为害严重。

1. 为害状

以幼虫蛀入嫩叶、新梢、果实表皮内取食，形成许多银白色弯曲虫道，"鬼画符"一名即由此而来。受害部分坏死而叶对应的一面不断增生，使被害叶片变形卷曲、变硬，新梢生长受阻。幼果被害后，后期在果皮表面出现伤痕（图 11-17）。

  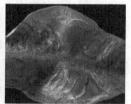

图 11-15　成虫　　　图 11-16　幼虫　　　图 11-17　叶片为
　　　　　　　　　　　　　　　　　　　　　　　　　害状

2. 形态特征

成虫银白色小蛾，体长 2mm 左右，展翅约 5mm（图 11-15）。前翅狭长，有缘毛，在翅的约 2/3 处有"Y"形黑纹，翅尖处有一个黑圆斑，圆斑之前有一较小的白斑。后翅针叶形，缘毛极长。卵极小，长 0.3~0.36mm，椭圆形，乳白色而透明。幼虫（图 11-16）体扁平，淡黄色，老熟幼虫体长约 4mm。蛹长纺锤形，黄褐色，长约3mm，有黄褐色薄茧。

3. 生活习性

江西一年发生10代以上，世代重叠。以蛹或老熟幼虫在叶片上越冬。4—5月间平均温度20℃左右时开始为害新梢嫩叶，6月虫口迅速增加，以6~9月为害最严重。潜叶蛾在平均气温26~28℃时生长发育最快，超过29℃受到抑制。

成虫多在清晨羽化交尾，飞翔敏捷，趋光性弱，白天栖息于叶背及杂草中，傍晚产卵，卵多散产于0.5~2.5cm长的嫩叶背面中脉两侧或嫩枝上，呈透明小水滴状。幼虫孵化后由卵壳下面潜入嫩叶或嫩梢表皮下蛀食，边蛀食边前进，成银白色弯曲虫道，蛀道中央有黑色虫粪，蛀食至叶缘处，停止蛀食，将叶缘卷起，包住虫体，在里面化蛹。

4. 防治方法

采用农业防治、药剂防治和保护天敌相结合的综合防治措施，才能有效地控制其为害。

（1）农业防治。

①加强栽培管理。在夏、秋季抹除零星萌发的嫩芽，摘除过早或过晚零星抽发的嫩梢，实行统一放梢；抹芽除梢要及时、连续、反复数次。并通过精细的肥水管理，可控制芽萌发整齐，使梢抽发健壮，缩短新梢嫩叶时期，减少潜叶蛾的食料，降低虫口密度，从而减少喷药次数，提高喷药防治的效果。

②冬季结合修剪，剪除被害枝梢，扫除落叶烧毁，可减少越冬虫口基数。

③同一果园种植的柚树品种单一为好，品种多，抽梢期不一致，势必造成园内嫩梢接连不断抽发，使潜叶蛾的食物链不断，有利于其传代发生。

（2）保护释放天敌。潜叶蛾的天敌有数种寄生蜂，对幼虫和蛹的寄生率高，应加以保护。如寄生幼虫的白星姬小蜂、橘潜蛾姬小蜂。

（3）药剂防治。一般在夏、秋芽萌发期间，芽长 2~3mm 时，或嫩芽萌发 50% 时立即开始喷药防治。抹芽控梢的，在放梢后 7~10 天开始喷药，每隔 7 天左右 1 次，连续喷药 2~3 次。药剂可选用 20% 除虫脲悬浮剂 1 500~2 000 倍液，25% 灭幼脲三号悬浮剂 2 000 倍液，2% 噻虫啉微胶囊悬浮剂 2 000~3 000 倍液，10% 吡虫啉可湿性粉剂 2 000 倍液，45% 毒死蜱乳油 1 000~1 500 倍液，47.7% 氯氰毒死蜱乳油 1 500~2 000 倍液，2.5% 溴氰菊酯乳油 2 000~3 000 倍液，2.5% 氟氯氰菊酯乳油 2 500~3 000 倍液等。

（四）蚜虫类

据中国农业科学院柑橘研究所记录，为害柑橘类果树的蚜虫有 9 种，为害柚树的蚜虫主要有橘蚜、橘二叉蚜、橘绿蚜（绣线菊蚜），这几种蚜虫习性、为害和防治方法比较接近，在这里以橘蚜为代表进行介绍。橘蚜又称蚁虫、蜜虫、油汗等，分布于各柚产区，江西有不同程度的发生与为害。寄生于柑橘、桃、梨、柿等果树。

1. 为害状

以成虫和若虫群集于枝梢、嫩叶上吸食汁液。新梢受害枯萎，嫩叶受害形成凹凸不平的皱缩以致枯死，花蕾和幼果也可受害而脱落，排泄的蜜露常诱致煤烟病和蚁类的共生，使枝叶变黑，影响树势、果实产量和品质（图 11-18）。

2. 形态特征

成虫：雌、雄成虫有无翅与有翅之分，体长 1.3mm 左右，漆黑色。复眼红黑色，触角灰褐色，足胫节端部及爪黑色，腹部近末端两侧的腹管呈管状，腹部末端的尾片乳头状，上生丛毛。卵：椭圆形，长约 0.6mm，初产时淡黄色，后转黑色，有光泽。

图 11 – 18 蚜虫形态及为害状

若蚜：体褐色，复眼红褐色，也分有翅和无翅两种。

3. 生活习性 一年发生 10 多代，世代重叠

在江西主要以卵在枝条上越冬，一般在 3—4 月越冬卵陆续孵化为无翅胎生若虫，在新梢嫩叶上为害。春梢和秋梢抽发期为全年发生为害高峰期。一般以无翅蚜聚害，如遇气候不适，枝叶老化或虫口密度过大，即产生有翅胎生蚜，迁飞到其他植株上为害。秋末冬初出现有性雌蚜和有性雄蚜，交配后产卵越冬。若蚜经 4 龄发育为成蚜，当天或隔天即开始胎生若蚜。有翅孤雌蚜较无翅孤雌蚜的繁殖力低。

橘蚜繁殖的最适温度为 24～27℃，故在春夏之交和秋季繁殖最盛。夏季高温或久雨，其死亡率高，寿命短，繁殖力弱，发生数量少。久雨或暴雨也不利其繁殖。苗木、幼树和抽梢不整齐的树常受害较重。

4. 防治方法

（1）农业防治。冬季结合修剪，剪除被害枝及有卵枝，压低越冬虫口基数。在生长季节进行摘心或抹芽，除去被害的和抽发不整齐的新梢，减少蚜虫食料，以压低虫口基数。

（2）生物防治。橘蚜的天敌有瓢虫、草蛉、食蚜蝇、寄生

蜂和寄生菌等。这些天敌在田间对橘蚜起着很大的控制作用，特别是在高温季节，天敌繁殖快，数量大，消灭蚜虫快，此时不应喷药或少喷药，或喷用对天敌杀伤力小的选择性农药，以免杀伤天敌；或重点选喷蚜虫为害严重的树，也可采用轮换喷药或点片喷药来保护天敌。在天敌数量少的柚园，可人工引移、释放瓢虫、草蛉等天敌。

（3）药剂防治。在天敌不足以控制蚜虫为害的柚园，应在春季及早喷药，以免扩大蔓延，5—6月喷药保护新梢和幼果，8月喷药保护秋梢。可掌握在25%的新梢上发现有少数蚜虫时开始喷药防治。药剂可选用10%吡虫啉可湿性粉剂2 000～3 000倍液，10%烟碱乳油500～800倍液，2.5%鱼藤酮乳油300～500倍液，20%氰戊菊酯乳油2 500～3 000倍液，50%抗蚜威可湿性粉剂1 000～2 000倍液等。注意药剂的交替使用，有机磷及菊酯类杀虫剂对天敌的杀伤大，应当少用。

（五）凤蝶类

为害柑橘类果树的凤蝶，有柑橘凤蝶、玉带凤蝶、蓝凤蝶，黄花凤蝶等，广泛分布于各柚产区。其中发生普遍的是柑橘凤蝶和玉带凤蝶2种。

凤蝶的共同特征，成虫体形大，飞翔迅速；体翅色彩斑斓，触角末端膨大成棒状，翅极大，三角形，后翅外缘波纹状，后角常有一尾状突起，足发达。卵为球形，光滑。幼虫体大，光滑无毛，胸部较大，前胸背面中央一般有一"Y"形或"V"形臭角，受惊翻出体外，发散臭气。蛹无茧，表面粗糙，有瘤和角状突起。以幼虫咬食嫩叶，产生为害。

1. 柑橘凤蝶

柑橘凤蝶又称春凤蝶、黄凤蝶、黑黄凤蝶，果农称黑蝴蝶，伸角虫（幼虫臭角），国内各柚产区有分布，江西各地发生普

遍。主要为害柑橘类等芸香科植物,是苗圃和幼树上的一种重要
害虫。

(1) 为害状。以幼虫咬食嫩叶、幼芽成缺刻或仅留下叶脉,
甚至叶脉也被吃光。幼苗被害后,有碍植株生长。

(2) 形态特征。成虫:分春型和夏型两种;春型较小,体
长 21~28mm,翅展 70~95mm;体黄白色,背面有宽大黑纵纹;
翅黑色,有黄白色斑纹;前翅三角形,中部有 4 条黄白色带状
纹,后翅臀角处有橙黄色圆纹,其中常有一小黑点。夏型翅展和
体长较春型大。卵:球形,直径约 1.5mm,初为黄绿色,孵化
前紫黑色。幼虫:前胸背面有橙黄色"Y"状臭角。幼龄幼虫暗
褐色,头尾黄白色,极似鸟粪;老熟幼虫为绿色,体表光滑,体
长 38~48mm。蛹:长 30~32mm,菱角形,初为淡绿色,后变
为暗褐色,越冬蛹色更深,常与黏附物的色相近。头部两角状突
起较短,伸向前方。胸背稍突起,并有一个颇尖的角状突起伸向
前方 (图 11-19)。

图 11-19 柑橘凤蝶成虫、卵、幼虫

(3) 生活习性。一年发生 4~5 代,以蛹附着在枝条上越
冬。5 月上中旬出现第 1 代成虫,6 月中下旬出现第 2 代成虫,7
月下旬至 8 月上旬出现第 3 代成虫,10 月上中旬出现第 4 代成
虫。成虫极活跃,白天飞舞,大多在 9~12 时交配,当天或隔天
即可产卵,卵散产在嫩叶及嫩梢顶端。幼虫孵化后咬食嫩叶,以

五龄幼虫食量最大，一天可食叶5~6片。幼虫受惊即伸出橙黄色臭角，泄放臭气以驱敌。老熟幼虫在隐蔽的枝条或叶背等处化蛹。

（4）防治方法。

①人工捕捉。冬季结合清园，清除越冬虫蛹。在柚各次抽梢期，捕杀卵、幼虫和蛹，或网捕成虫。捕捉的蛹应放置在园内避雨处，罩上纱网，使寄生蜂羽化飞出。

②生物防治。不同虫态的天敌不同，卵期有凤蝶赤眼蜂，幼虫和蛹有凤蝶金小蜂、广大腿小蜂、野蚕黑瘤姬蜂等，以凤蝶金小蜂的寄生率高，特别是夏、秋季对凤蝶类的控制作用很大。捕食性天敌有中黄猎蝽，食凤蝶幼虫体液，8—10月发生较多。对这些天敌应加以保护和利用。

③药剂防治。防治时期应在幼虫3龄前用药。药剂可选用90%敌百虫晶体800~1 000倍液，2.5%鱼藤酮乳油200~400倍液，苏云金杆菌（100亿个/毫升）乳油500~1 000倍液，20%除虫脲悬浮剂1 500~2 000倍液，20%高氯·辛硫磷1 500~2 000倍液等。

2. 玉带凤蝶

玉带凤蝶又称白带凤蝶、黑蝴蝶，国内各柚产区有分布，主要为害柑橘类等芸香科植物，是苗圃和幼树上的一种重要害虫。

（1）为害状。幼虫咬食嫩芽和幼叶，发生多时可被吃光，其危害性仅次于柑橘凤蝶。

（2）形态特征。成虫：大型黑色蝶，体长25~32mm，翅展90~100mm，雄蝶前翅外缘有7~9个黄白色斑，从前向后逐渐增大，后翅中部有7个黄白色斑排成一列，前后翅黄白斑连接呈玉带状，故得名。卵：球形，直径约1.2mm，初为淡黄色，近孵化时灰黑色。幼虫：前胸背面有紫红色"Y"状臭角，有5龄，各龄体色变化大，1龄黄白色，2龄淡黄褐色，3龄黄褐色至黑褐色，4龄鲜绿或黄绿色有白色纹，5龄绿色，成熟时体长36～45mm。蛹：长30～35mm，菱角形，体色不一，有灰黄、灰褐、灰黑及绿色等；头部两角状突起较短，伸向前方，其内缘呈缺刻状，中央呈"U"形凹陷；胸背部突起如小丘，胸腹相连处向背面弯曲。

（3）生活习性。一年发生4～5代，以蛹附着在叶背、枝条及附近其他附着物上越冬。一般在3月羽化为成虫，4—5月出现第一代成虫。4—11月间幼虫均可发生为害。成虫活动、产卵及幼虫为害习性与柑橘凤蝶相似。

（4）防治方法。同柑橘凤蝶的防治方法。

（六）恶性叶甲

恶性叶甲又称恶性叶虫、恶性橘啮跳甲，俗称狗虱子、黑壳虫，称幼虫为蛆儿虫、黄儿虫等。分布普遍，主要为害春梢，使开严重时造成开花结果减少，枯梢，或不结果。目前仅在一些管理不善的或零星柚园发生较严重（图11–20）。

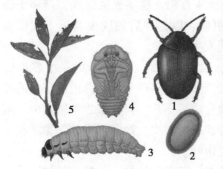

图11–20　柑橘恶性叶甲
1. 成虫；2. 卵；3. 幼虫；4. 蛹；5. 为害状

1. 为害状

成虫咬食新芽、嫩叶、花蕾、幼果和嫩茎；幼虫常群集在嫩梢上蛀食芽、叶和花蕾，并分泌黏液和排出粪便。被害芽、叶残缺枯萎，花蕾干枯坠落，幼果常被咬成很大孔洞，以致变黑脱落。

2. 形态特征

成虫：雌虫体长 3 ~ 3.8mm，椭圆形。体翅变为蓝黑色，有金属光泽。前胸背板密布小点刻，鞘翅上各有 10 条纵列小点刻，后足腿节特别发达，善跳跃。卵：长椭圆形，长约 0.6mm，初为白色，近孵化时为深褐色，卵壳外有黄褐色网状黏膜，二粒并列产在一处。幼虫：老熟幼虫体长 6mm 左右。头部黑色，胸、腹部草黄色。前胸盾半月形，中央有 1 纵线将其分为左右两块。体背常分泌黏液和黏附粪便。蛹：椭圆形，黄白色，后变为橙黄色，头向腹面弯曲，体背有毛刺，腹末有一对色较深的尾叉。

3. 生活习性

江西一年发生 3 ~ 4 代，以成虫在树干裂缝、霉桩、卷叶中，地衣或苔藓下越冬。3 月底至 4 月初，越冬成虫出现，产卵于新叶上，4—5 月为第 1 代幼虫期。以越冬后的成虫和第 1 代幼虫为害春梢最严重，以后各代发生量很少。

成虫具有喜静、群居、假死、善跳习性。雌虫一生多次交配，交配后当天或隔天开始产卵，卵多产于嫩叶背面或正面的叶尖及叶缘处，产卵时咬破表皮成一小孔，再产卵 2 粒于其中。刚孵化出的幼虫先取食嫩叶叶肉而留表皮，约经 1 天分泌黏液和排泄粪便，黏附体背，并污染嫩叶。

在管理不善，树上有地衣、苔藓、枯枝、霉桩等的柚园较易发生。第 1 代蛹正值多雨季节，常被一种白色霉菌寄生而大量死亡，致使第 2 代幼虫的发生量骤减。

4. 防治方法

（1）加强柚园管理。清除树上的地衣、苔藓、枯枝、霉桩和卷叶，堵塞树干孔隙和涂封裂缝，以及中耕松土灭蛹，消除越冬和化蛹场所。也可结合防治介壳虫，喷洒松脂合剂 10 倍液于树干上，杀死地衣和苔藓。

（2）诱杀幼虫。在幼虫化蛹前，无地衣、苔藓、裂缝、孔隙、霉桩等的树，可在树干、枝杈上束稻草，诱老熟幼虫潜入化蛹，每隔 2 天取下搜杀一次。

（3）药剂防治。春梢期幼虫孵化达到 40% ~ 50% 时，即喷用 2.5% 溴氰菊酯乳油 1 250 ~ 2 500 倍液，5% 啶虫脒乳油 1 000 ~ 1 500 倍液，20% 除虫脲悬浮剂 1 500 ~ 2 000 倍液等，防治幼虫和成虫效果均很好。

（七）潜叶甲

潜叶甲又称柑橘潜叶跳甲、橘潜叶虫、红色叶跳虫等。分布于长江两岸及华南柑橘产区，在江西、浙江、四川、福建、广东等地局部地区发生较严重（图 11 - 21）。

1. 为害状

潜叶甲主要为害春梢。幼虫孵化后钻入叶内潜食叶肉，仅残留表皮，形成弯弯曲曲的隧道，虫体清晰可见，引起落果，造成减产。成虫取食嫩芽、幼叶，将叶片吃成百孔千疮。

2. 形态特征

成虫：体长 3 ~ 3.5mm，椭圆形，背面中央隆起。头部黑色。前胸背板黑色有光泽，具细微刻点。鞘翅橘黄色，肩角黑色，翅面具纵列刻点 11 行，排列规则整齐。卵：椭圆形，具有网状纹，米黄色，长径 0.7 ~ 0.8mm。幼虫：老熟幼虫深黄色，体长 4.7 ~ 7mm。头部色较浅。蛹：体长 3 ~ 3.5mm，椭圆形，淡黄色至深黄色，体上布有多对刚毛，腹部末端有 1 对叉状突

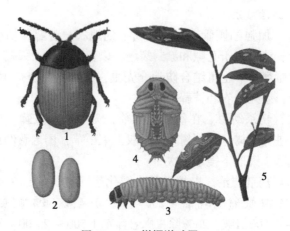

图 11 – 21　柑橘潜叶甲

1. 成虫；2. 卵；3. 幼虫；4. 蛹；5. 为害状

起，叉端部黄褐色（表 11 – 2）。

表 11 – 2　潜叶蛾与潜叶甲的对比

项目	潜叶蛾	潜叶甲
为害状	主要为害夏、秋梢，春梢一般不受害。以幼虫蛀入嫩叶、新梢、果实表皮内取食，形成许多银白色弯曲虫道，"鬼画符"一名即由此而来。受害叶片变形卷曲、变硬，新梢生长受阻	主要为害春梢，幼虫从叶背蛀入，在上、下表皮间食害叶肉，食害叶肉形成弯曲隧道，黑色粪便排于隧道中。幼虫可转叶为害。成虫以取食嫩叶为主，将叶片背面表皮及叶肉吃去，仅留叶面表皮
形态特征	属鳞翅目橘潜蛾科，成虫体长 2mm；翅展 5.3mm，银白色。前翅披针形。翅基部有 2 条褐色纵纹，约为翅长之半。翅中部有 2 条黑纹，形成 "Y" 字形。翅尖缘毛形成一黑色圆斑。老熟幼虫体长 4mm，扁平，纺锤形，黄绿色；头部尖	属鞘翅目叶甲科，成虫体长 3 ~ 3.7mm，卵圆形，背面中央隆起。头部黑色。前胸背板黑色有光泽，具细微刻点。鞘翅橘黄色，肩角黑色。老熟幼虫深黄色，体长 4.7 ~ 7mm；头部色较浅

（续表）

项目	潜叶蛾	潜叶甲
生活习性	一年发生10代以上，世代重叠。以蛹或老熟幼虫在叶片上越冬。6月虫口迅速增加，以6—9月为害最严重。成虫飞翔敏捷，趋光性弱，白天栖息于叶背及杂草中	一年发生1代。以成虫在树干的翘皮裂缝、地衣、苔藓下和树干周围的松土中越冬。老熟幼虫随叶片落地，咬孔脱叶入土化蛹。成虫喜群居，能飞善跳，有假死性，常栖息在树冠下部嫩叶背面
与环境关系	4—5月间平均温度20℃左右时开始为害新梢嫩叶，低温是影响春季发生量的主导因素。6月虫口迅速增加，而嫩梢是影响夏、秋季发生量的关键	一般在山地和近山地的柚园中发生较多
发生时期	幼虫在4—5月开始发生，发生量少，为害轻，6—9月发生量最大，为害最严重。10月以后，其发生为害逐渐减轻	越冬成虫、当年幼虫和成虫是三个主要为害期，分别为3月下旬至4月中旬，4月中旬至5月上旬，5月至6月上旬
防治适期	在夏、秋梢萌发期间，芽长2～3mm时，或嫩芽抽发50%以及嫩梢虫叶率（或卵叶率）达20%时立即开始喷药防治，每隔6～7天喷1次，连喷数次。着重防治成虫和初孵及低龄幼虫	在成虫活动期、产卵高峰期及幼虫为害期喷药。幼虫入土前树冠下地面喷药可毒杀入土幼虫

3. 生活习性

在山地及近山地柚园发生最多。潜叶甲一年发生1代，以成虫在树干的翘皮裂缝、地衣、苔藓下和树干周围的松土中越冬。成虫喜群居，能飞善跳，有假死性，常栖息于树冠下部嫩叶背面。一般3月下旬至4月中旬，越冬成虫开始为害春梢，并产卵于嫩叶上，4月中旬至5月上旬是幼虫为害盛期，5月是成虫为害盛期。成虫常栖息在树冠下部嫩叶背面，以取食嫩叶为主。将叶片背面表皮及叶肉吃去，仅留叶面表皮。卵单粒散生，产在嫩叶背面或边缘上。卵孵化后从叶背蛀入，在上、下表皮间食害叶肉，食害叶肉形成弯曲隧道，黑色粪便排于隧道中。幼虫可转叶为害。老熟幼虫随叶片落地，咬孔脱叶入土化蛹。

4. 防治方法

（1）加强柚园管理。清除树上的地衣、苔藓、果园杂草等，减少越冬虫源。幼虫为害期及时摘除被害叶或扫除落叶并烧毁，以杀灭叶内幼虫。化蛹盛期中耕松土以灭杀虫蛹。

（2）药剂防治。主要掌握在越冬成虫出土活动期和产卵高峰期，对树体和地面进行施药防治，药剂与恶性叶甲用药相同。幼虫入土前树冠下地面可喷5%西维因粉剂等毒杀入土幼虫。

（八）天牛

分布普遍，在柚园主要有星天牛和褐天牛两种，是危害严重的枝干害虫。

1. 星天牛

星天牛又称盘根虫、花牯牛等。为害柑橘、梨、桃、李、枇杷等多种果树及风景林木，其为害性大，防治也较困难（图11-22）。

（1）为害状。以幼虫为害树根和主干基部，蛀食成许多孔洞，洞口常堆积有木屑状的排泄物，使树势衰退，叶片黄萎，甚至死亡。成虫咬食嫩枝皮层，形成枯梢，也食叶成缺刻状。

（2）形态特征。成虫：漆黑色而有光泽，翅鞘上有白色星斑点，因此名星天牛。体长19~39mm，触角超过体躯1~5节。卵：长椭圆形，最初为白色，后变淡黄色，近孵化时黄褐色。幼虫：圆筒形，淡黄白色，老熟幼虫体长50mm左右，前胸背板有飞鸟状或凸字形花斑纹，无足。蛹：乳白色，近羽化时黑褐色，长约30mm，翅超过腹部第3节，无茧。

（3）生活习性。江西一年发生1代，以幼虫在树干或树根木质部中越冬，翌年4月间化蛹，5—6月为羽化盛期。7—8月

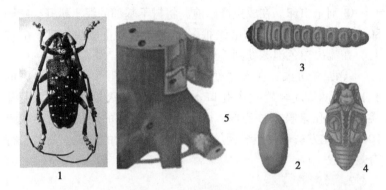

图 11-22 柑橘星天牛

1. 成虫 2. 卵 3. 幼虫 4. 蛹 5. 为害状

仍有少数成虫活动。飞翔力不强，一般 20m 左右。成虫出洞后，喜在晴天上午和傍晚活动、交配、产卵，午后高温多停息在枝梢上。成虫交配后 10~15 天开始产卵，5 月中旬至 6 月中旬为产卵盛期，卵多产在主上近地面 30cm 范围内，产卵时先将树皮咬成"⊥"形或"L"形裂口，产卵其中，每处产卵 1 粒，卵期 9~14 天。初孵幼虫先在产卵处附近的皮层蛀食，并流出白色泡沫状胶质，皮层腐烂有酒糟味，2~3 个月后常在近地表处蛀入木质部为害，形成虫道，当虫体全部进入木质部后，其虫粪（木屑）挤破树皮排出树外，幼虫期长，达 10 个月。

（4）防治方法。

①加强栽培管理，加强柚园管理，促使植株生长旺盛，保持树干光滑，以减少成虫产卵的机会。在冬季清园和大枝修剪时，应用黏土堵塞树干上的孔洞，及时砍伐虫口密度大的衰老树，以杜绝成虫产卵和减少虫源。还可在产卵之前将树干和主枝刷白，防止产卵。

②捕捉成虫。5—6 月成虫活动盛期，晴天中午、午后和傍晚在枝梢、枝叶密荫处、主干基部，多次搜捕成虫。

③刮杀虫卵。在成虫产卵前，将树干基部的泥土扒开，喷洒80%敌敌畏乳油200倍液于根际周围，可防止成虫产卵。6—7月，在流出白色泡沫处刮杀虫卵及低龄幼虫。

④毒杀幼虫。在天牛幼虫蛀食的出气孔（出新鲜木屑的孔），用薄竹片轻轻拨去孔口木屑，用家用灭蚊剂（除虫菊酯类）对准孔口喷1秒药剂，即可杀死该洞内的幼虫，防治效果100%，此方法一改传统钢丝钩杀和蘸药堵孔的方式，简单易行有效。

2. 褐天牛

褐天牛又称橘天牛、钻干虫、铁牯牛。主要为害柑橘类果树，也能为害葡萄（图11-23）。

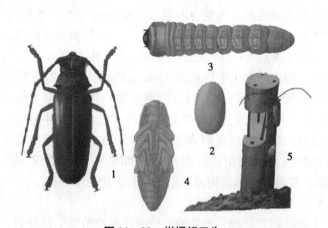

图 11 - 23　柑橘褐天牛
1. 成虫　2. 卵　3. 幼虫　4. 蛹　5. 为害状

（1）为害状。幼虫一般在树干距地面30cm以上的主干或大枝上为害，受害后枝干内蛀道纵横，以树干分叉处蛀孔最多。受害轻的养分输送受阻，受害重的全树蛀空，以致整枝或全株枯死。一般在栽培管理不好的柚园和老树上发生多，为害严重。

（2）形态特征。成虫：黑褐色有光泽，被有黄色短毛，体长 26~51mm。翅鞘无斑纹刻点。雄虫触角超过身体 1/3~1/2；雌虫触角较短，不及身体长。卵：椭圆形，乳白色乃至黄白色，近孵化时灰褐色。幼虫：与星天牛相似，但前胸背板成 4 块棕色硬板，老熟幼虫体长 46~56mm。蛹：淡黄色，长约 40mm；茧扁椭圆形，白色。

（3）生活习性。江西 2~3 年发生 1 代，世代重叠，以幼虫或成虫在树干木质部越冬。4—8 月为成虫羽化活动期间，5 月上中旬和 7 月下旬至 8 月上旬为成虫发生的两次高峰，5—7 月上旬为产卵第一阶段，产卵数占全期的 70%~80%；8 月初至 9 月为产卵第二阶段，产卵数占全期的 20%~30%。成虫昼伏夜出，以 20~21 时活动最盛，特别喜在雨前闷热夜晚或雨后天晴刮南风时候出来活动。卵散产在树干或主枝表皮裂缝，伤口或凹凸不平处，卵产在离地面高 30~100cm 的粗枝上。产卵期 3~4 个月。初孵幼虫蛀食皮层，树皮外有泡沫状黄色胶质流出。约 20 天转而蛀入木质部，多向上蛀食，并产生虫粪（木屑）。

（4）防治方法。与防治星天牛相同。

（九）蚧类

"蚧"一般称为介壳虫。为害柑橘类果树的介壳虫种类有数十种，主要有矢尖蚧、黑点蚧、糠片蚧、吹绵蚧等。介壳虫的共同特征：一是虫体一般比较软弱，细小，体长多为 0.5~7mm，体上覆盖有一层蜡质介壳，固定不动。二是成虫雌雄差异大：雌虫无翅，头、胸、腹分界不明显，口器发达，缺蛹阶段；雄虫有翅（前翅发达，后翅退化为平衡棒，极少数无翅），头、胸、腹分界明显，口器退化或不完全，有蛹阶段。

以成虫和若虫群集在叶片、果实和嫩枝上为害，形成黄斑，并诱发煤烟病；严重时使枝叶干枯，果实延迟成熟，果形不正，色味俱变，影响树势、果实产量和品质。

1. 矢尖蚧

矢尖蚧又称矢根蚧、箭头蚧、矢尖介壳虫（图11 – 24）。

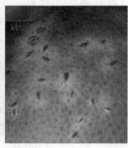

图11 – 24　矢尖蚧为害叶片、果实

（1）形态特征。成虫：雌介壳似箭头，棕褐色，边缘灰白色，中央有一条明显纵脊，形成屋脊状。雄介壳白色，棉絮状，较小，背面有3条纵脊。卵：椭圆形，橙黄色。若虫：第1龄草鞋形，橙黄色，触角、足发达；2龄椭圆形，扁平，淡黄色。触角、足消失。雄蛹：橙黄色，尾片突出。

（2）生活习性。一年发生3代，世代重叠，主要以未产卵雌成虫在叶背及嫩梢上越冬。卵产于介壳下，数小时便可孵化出若虫，初孵若虫行动活泼，能随风或动物传播远处，经2～3h后即固定在叶片及果实上为害。雌若虫分散为害，雄若虫群集为害。5月上中旬开始产卵，第1代若虫出现于5月中下旬，第2代若虫出现于7月中下旬左右，第3代若虫出现于9月中下旬左右。若虫第1代多在老枝叶上，第2代大部分在新叶及部分果实上，第3代大部分在果实上。在荫蔽的柚园，为害严重。2龄雄若虫及雄蛹有介壳覆盖而不易杀伤，雌成虫抗药力强；1、2龄雌若虫和1龄雄若虫及雄成虫对药剂敏感。

矢尖蚧的天敌有日本方头甲、整胸寡节瓢虫、红点唇瓢虫、矢尖蚧蚜小蜂、花角蚜小蜂等。

2. 吹绵蚧

吹绵蚧又称黑毛吹绵蚧、吹绵介壳虫、绵团蚧等，各个柚产区均有发生，食性杂，除为害柑橘外，还为害梨、茶、玫瑰等数十种植物。

（1）形态特征。成虫：雌成虫椭圆形，橙黄色，体背隆起有黑毛，披有白色蜡质分泌物，尾端有一白色绵状卵囊，卵囊上有白色纵线15条左右；雄成虫体暗赤色，有翅一对。卵：长椭圆形，橘红色。若虫：共3龄，椭圆形，橙黄色，眼、足、触角均为黑色，初孵化时甚活跃，雄虫在若虫阶段与雌虫相似。雄蛹：橘红色，椭圆形，有白色绵状茧。

（2）生活习性。一年发生2~3代，世代重叠，大多以第3龄若虫及少数雌成虫在避风的枝条及叶背越冬。第1代若虫一般出现在4月下旬至7月中旬，第2代若虫出现在7月上旬至9月，第3代若虫从8月下旬起。1、2龄若虫多寄生在叶背主脉附近，3龄后至主干、主枝固定吸食。每蜕一次皮，就换一个地方为害。喜群集。雄成虫飞翔力弱，寿命短，园间数量小，雌成虫常孤雌生殖。

温暖高湿是吹绵蚧发生的适宜气候条件，在长江流域，一般以温暖多雨的5—6月，繁殖最快，是全年发生为害的高峰期。其天敌主要有澳洲瓢虫、大红瓢虫、小红瓢虫、六斑红瓢虫和草蛉等。

3. 黑点蚧

黑点蚧又称方黑点蚧、黑星蚧、黑片蚧等多种别称，分布普遍，寄主广，在柑橘类柚受害较轻。

（1）形态特征。成虫：雌介壳深黑色，体长、宽1.8mm×0.7mm，介壳周围有白色蜡质镶边。雄介壳与雌介壳相似，但较小而狭，除前端为黑色外，其余部分为灰白色。卵：椭圆形，紫红色，排列成两行于母体下。若虫：第 1 龄近圆形，灰色，行动较迅速，固定后分泌白色绵状蜡质；2 龄椭圆形，已形成漆黑色壳点，并在壳点之后形成白介壳。

（2）生活习性。江西一年发生 3 ~ 4 代，主要以受精雌虫及其体下的卵和少数若虫、雄蛹越冬。雌虫寿命很长，不断产卵孵化，并能孤雌生殖，世代重叠。孵化适宜温度为 15℃左右，3 月中旬孵化孵化后即离开母体，行动活泼，称为蠕动期。而后固定在叶、果上吸食汁液，称为绵壳期。若虫一般在 4 月从上年梢叶迁移到当年春梢上为害，5 月为害幼果，一般在 7 月间发生渐多，为害较重。

黑点蚧的天敌有寄生蜂和瓢虫，以盾蚧长缨蚜小蜂适应范围广，寄生率较高。

4. 糠片蚧

糠片蚧又称糠片盾蚧、灰点蚧、圆点蚧、糠片介壳虫等，分布普遍。寄主植物很多，柚枝叶、果实和苗木主干均受害。

（1）形态特征。成虫：雌介壳长 1.5 ~ 2mm，大多为不正的椭圆形或卵圆形，边缘极不整齐；灰白色或灰褐色，似糠片；壳点 2 个。雄介壳长约 1mm，细长，灰白色至淡褐色，壳点 1 个。卵：椭圆形，淡紫色。若虫：椭圆形，扁平，淡紫红色，固定后，足和触角消失。

（2）生活习性。一年发生 3 ~ 4 代，世代重叠，以受精雌虫和卵在枝叶及苗木主干上越冬，4 月中旬至 6 月下旬发生第 1 代若虫，7 月下旬至 8 中旬发生第 2 代若虫，8 月下旬至 10 月中旬发生第 3 代若虫，11 月上中旬以后发生第 4 代若虫。9 月为全年虫口发生量的高峰期。第 1 代为害老叶和部分春梢及果实，第 2、3 代主要为害果实，产卵期持续 3 个月以上。喜寄生于荫蔽处的枝叶上。在叶面正面的虫口比叶背的多。在果实上多在油胞凹陷处定居为害，尤其是在果蒂附近。

糠片蚧的天敌有盾蚧长缨蚜小蜂、黄金蚜小蜂等多种寄生蜂，还有草蛉、蓟马、瓢虫、方头甲等捕食性天敌。其中盾蚧长缨蚜小蜂和黄金蚜小蜂的自然寄生率较高，对糠片蚧有较大的抑制作用，应注意保护利用。

5. 红蜡蚧

红蜡蚧又称脐状红蜡蚧、红蜡介壳虫、蜡毛虫等，长江以南各省均有分布。为害柑橘、茶、柿、枇杷等植物，芸香科植物是其主要寄主。

（1）形态特征。成虫：雌虫椭圆形，背面有较厚的红蜡壳覆盖，长3~4mm，高约2.5mm，顶部形似脐状，两侧共有4条白色蜡带。雄虫体长约1mm，暗红色，前翅白色半透明，后翅退化。卵：椭圆形，淡紫红色。若虫：第1龄扁平，椭圆形，淡红褐色，腹端有2长毛；第2龄广椭圆形，稍隆起，紫红色，体表披白色蜡质；第3龄长圆形，蜡质增厚，两侧白色蜡带更显著，蜡壳背面中央已形成脐状。

（2）生活习性。一年发生1代，以受精雌成虫附着在枝条或叶背越冬。5月下旬至6月上旬为越冬雌虫产卵盛期。初孵若虫离母体后移至新梢，群集于嫩枝及新叶上，约活动半小时后固定下来，刺吸寄主组织内的汁液，固定后2~3天开始分泌白色蜡质。有趋光性，多在受阳光的外侧枝梢上寄生。

红蜡蚧的天敌主要有红点唇瓢虫，环纹扁角跳小蜂、蜡蚧扁角跳小蜂、黑软蚧蚜小蜂等。

6. 蚧类的防治方法

由于蚧类体表常披有蜡质或有介壳覆盖，在防治上，吹绵蚧以生物防治为主，辅以农业防治和药剂防治，其他蚧类的防治，目前仍以药剂防治为主，但应注意保护和利用天敌。

（1）农业防治。结合修剪，在蚧虫卵孵化之前剪除虫枝，集中烧毁。在寄生蜂活动季节除吹绵蚧等活动性大的蚧虫外，可先将剪下的虫枝集中放在柚园外的空地上，经一星期后再烧毁，以便保护寄生蜂羽化外出。剪除过密的衰弱枝和干枯枝，使树冠通风透光，增强树势。加强柚园肥水管理，促使抽发新梢，更新树冠，恢复树势，均可减轻为害。

（2）生物防治。蚧类的天敌种类很多，特别是对一些有效天敌，如捕食吹绵蚧的大红瓢虫、澳洲瓢虫；寄生在蚧类中的黄金蚜小蜂等，可采用人工饲养、人工采集、转移释放等方法加以保护利用，以控制蚧类的为害。释放期禁喷伤害天敌的药剂。

（3）药剂防治。掌握在若虫孵化盛期和低龄若虫期喷药，在介壳虫体表蜡质层较薄，未形成蜡质介壳之前进行喷杀，在吉安气候条件下，重点防治期为 5 月下旬至 6 月初，一般连喷药 2～3 次。药剂可选用 99% 矿物油乳剂 200～250 倍液；25% 噻嗪酮可湿性粉剂 1 000～1 500 倍液；40% 毒死蜱乳油 800～1 500 倍液等；0.5% 烟碱·苦参碱 1 500～2 000 倍液。

第十二章　果实的采摘与贮运

一、果实采摘

果实采摘是果园生产最后一道工序，承接着农产品转为商品环节，是果实商品处理工序的开始。果实采收质量的好坏，直接影响果实的销售价格，影响到果实的经营、贮藏、运输、销售和消费各个环节的直接利益。因此，必须引起果园经营业主的高度重视，把握采摘技术要领，掌握采收时期，力求做到采收时无损伤，保证采收质量。

（一）适时采摘

井冈蜜柚系列品种分早、中、晚熟搭配，桃溪蜜柚在 9 月中下旬成熟，金沙柚在 10 月上中旬成熟，金兰柚在 11 月上中旬成熟，泰和沙田柚在 11 月中旬成熟。成熟的果实，具有果汁增多，含酸量减少，含糖量增加，果皮果肉着色，组织变软，果皮芳香物质形成，油胞充实，蜡质增厚等特征。采摘期的确定主要依果实的用途而定，果实的用途不同，采摘时对成熟度的要求也不相同，桃溪蜜柚、金沙柚用于鲜食（鲜销），在果皮 80% 转橙黄色、有浓香气、肉质脆且开始变软、汁多化渣、食后无麻苦味，可溶性固形物含量达 10.5% ~ 11.0%，含酸量低于 0.6% 时采摘；金沙柚、泰和沙田柚可贮运，在果皮 70% 转橙黄色时采摘；

金沙柚也可留树保鲜延迟采摘；桃溪蜜柚贮运期很短，一般不超过20天，否则会出现汁瓤变软、变酸现象，品质下降。用于加工的果实可根据加工产品的需要，确定采收时期，例如加工永新橙皮，可在果实长到拳头大时，即6月下旬至7月上旬结合疏果进行采摘。

在果实采摘前2～4周作好采摘准备工作，安排好劳动力，备好采摘、盛果、运输等方面的工具，备好发泡塑料包果套、专用包果薄膜袋和标记牌等包装用材料，清理果实临时存放场地并进行消毒。

采果时应按由下而上，由外到内的顺序，采用"一果两剪"的采摘方法，第一剪在果蒂上约5cm处剪下果实，第二剪剪平果蒂；或一手托住果实，一手持剪，一次齐果蒂剪平。

为有效延长贮运保鲜期，采摘期间特别注重两项事。一是避开柚果持水量大时采摘：做到采摘前10天柚园停止灌水，雨天、雾天或露水未干时不采摘，雨后要隔1～3天再采摘。二是尽量减少柚果创伤面，采摘人员指甲要修平；借助人字梯或高凳、拉索带网袋高果剪等工具进行采摘，避免拉松果蒂；做到轻摘、轻放、轻装、轻搬、轻卸，切忌乱抛；果篓或果筐装果不宜太满，码堆不宜太高。还要注意，采下的柚果及时转运入库，不能露天堆在地上过夜或日晒雨淋。

采摘人员要严格执行采摘技术规程，避免一切机械损伤，提高好果率。采果后第一步是要进行果实初选，将病虫果、伤果、畸形果、小果、疤痕果、青果等次果剔除出来，另外堆放，并及时处理。

（二）洗果与防腐保鲜处理

从树上采下的果实，果皮上带有灰尘、病源微生物和害虫（如介壳虫、锈壁虱等），进行果实清洗，可以使果面光洁，色泽更鲜艳，既提高商品感观，又可带走部分田间热，起到预冷作用。通常在水池中注入八九成满的饮用水，依水量加入适量的次氯酸钙或双氧水，用专用塑料果箱装好果实浸没水中，穿好橡胶手套，轻轻搅动，1min 后，端起果箱，沥干水，置阴凉通风处，晾干后搬入预贮库预贮。

（三）预贮

经洗果、防腐保鲜处理后，果实置于通风良好，地面干燥，没有阳光直射的室内进行预贮发汗。预贮方法是：将装有果实的果箱，按品字形堆放，行的方向与来风方向平行，果箱堆高 3 ~ 5 层，经 5 ~7 天后，失重 3% ~5%，轻微伤口得到愈合，部分水分蒸发，田间热得到有效散失，用手轻捏果，果皮稍有弹性，即可进入分级包装工序。

（四）分级

依据果实的重量（或大小）、形状、果皮着色、果面光洁度、病虫为害情况、机械损伤程度等指标，进行严格挑选分级；通过分级，可使果实规格和品质一致，在销售中实现按质论价、优质优价，也便于包装、贮运和销售。柚子单果大，人工挑选分级一般凭目测和手测，这就要求员工熟练掌握分级标准（或按订单要求），做到个个过目，不出差错，通常目测与分级板相结合，分出的级别误差小。大批量果实分级时，宜使用分级机来进行。挑选出的优质果按等级装入果箱，并贴上标签。金沙柚、桃溪蜜柚和泰和沙田柚果实的分级与感官指标见表 12 - 1、表 12 -2、表 12 -3。

表 12 – 1　金沙柚的分级与感官指标

级别	果重（g）	项目				
		色泽	光洁度	成熟度	风味	种子数
一级	900 ~ 1 100	橙（金）黄色，鲜艳有光泽，初采果允许果面淡黄绿色，但绿色面积不超过 5%	果面光洁，端正，无日灼和机械损伤，无病虫斑点	80% 以上	具有金沙柚固有风味，肉质脆嫩，汁多化渣，酸甜适度，口味纯正	75 ~ 100 粒
二级	800 ~ 900	橙（金）黄色，鲜艳有光泽，初采果允许果面淡黄绿色，但绿色面积不得超过 15%	果面光洁，无裂口破损擦伤、日灼和溃疡病斑，锈斑面积不超过 1%	70% 以上		
三级	700 ~ 800	橙（金）黄色，初采允许果面淡黄绿色，但面积不得超过 25%	果面光洁，无裂口破损擦伤、日灼和溃疡病斑，锈斑面积不超 3%			

表 12 – 2　桃溪蜜柚的分级与感官指标

级别	果重（g）	项目				
		色泽	光洁度	成熟度	风味	种子数
一级	1 000 ~ 1 200	橙黄色，鲜艳有光泽，初采果允许果面淡黄绿色，但绿色面积不超过 10%	果面光洁，端正，无日灼和机械损伤，无病虫斑点	80% 以上	具有桃溪蜜柚固有风味，果汁饴糖色，汁多，质地脆嫩，化渣，风味甜爽有浓香，后味纯正，无麻苦味	40 ~ 60 粒
二级	900 ~ 1 000	橙黄色，初采果允许果面淡黄绿色	果面光洁，无裂口破损擦伤、日灼和溃疡病斑，锈斑面积不超 1%	70% 以上		
三级	800 ~ 900		果面光洁，无裂口破损擦伤、日灼和溃疡病斑，锈斑面积不超 3%			

表 12 – 3　泰和沙田柚的分级与感官指标

级别	果重 (g)	项目				
		色泽	光洁度	成熟度	风味	种子数
一级	1 100 ~ 1 250	橙黄色，鲜艳有光泽，初采果允许果面淡黄绿色，但绿色面积不超过15%	果面光洁，端正，无日灼和机械损伤，无病虫斑点	80%以上	具有泰和沙田柚固有风味，果汁饴糖色，汁多，质地脆嫩，化渣，风味甜爽有浓香，后味纯正，无麻苦味	120 ~ 150 粒
二级	1 000 ~ 1 100	橙黄色，初采果允许果面淡黄绿色，但绿色面积不得超过25%	果面光洁，无裂口破损擦伤、日灼和溃疡病斑，锈斑面积不超过1%	70%以上		
三级	900 ~ 1 000		果面光洁，无裂口破损擦伤、日灼和溃疡病斑，锈斑面积不超过3%			

（五）包装

包装是柚果商品化的一个主要措施。包装分两部分，即内包装和外包装，内包装能防止交叉感染，减少水分蒸发；外包装美观鲜艳，能为贮运装卸带来方便，有效地减少机械损伤，靓丽的外包装能吸引消费者的眼球，提升购买欲。

1. 内包装

用于内包装的材料有包果纸、发泡塑料网套和塑料薄膜等，柚果个体较大，通常要进行单果包装；井冈蜜柚用塑料薄膜内包装时，先逐果贴上商标，用0.015 ~ 0.020mm厚的聚乙烯薄膜进行单果包装，薄膜包装打结时留下1 ~ 2个通气口或事先打2 ~ 4个直径1.5cm的圆形通气孔，以便贮运中可进行水汽交换；出口和礼品柚的内包装使用白色聚乙烯薄膜。

2. 外包装

外包装材料较多，有木筐、篾篓、编织网袋、塑料箱、瓦楞纸箱等（重复使用的包装材料要进行清洁消毒处理）。篓、筐、木箱装果时，其内要放衬垫物，以免划伤果皮；逐层装果，果与果之间要放衬垫物，装完果后盖上衬垫物，装果低于筐（箱）的边缘，最后盖上盖子；挂上标志牌；然后入库贮藏或入市销售。

瓦楞纸箱外包装，井冈蜜柚外包装纸箱印有着果彩图和二维识别码，标明品名、产地、等级、净重、贮存期限、易腐、防淋、防压等。设计制作有 3 种纸箱规格（6 个装、4 个装、2 个装）详见表 12-4。

表 12-4　井冈蜜柚三种纸箱规格

装果个数	级别 [长·高·宽 (cm)]			极限偏差
	一级	二级	三级	
6 个	50×32×18	50×30×18	48×30×16	
4 个	36×32×18	35×30×18	—	±1cm
2 个	36×16×18	35×16×18	—	

将内包装好的同级果装入纸箱内，果与果之间要放一些衬垫物，装箱后用不小于 60mm 宽无水胶带紧密粘合纸箱上、下活页接缝。出口外销的内、外包装要依照目的地国的要求。

（六）柚类果实商品化处理

1. 商品化处理的工艺流程

柚类果实采收后经过一系列处理，包括手工的和机械的，最终成为商品进入市场。柚类采后商品处理是使果品规格化、标准化、美观化和优质化，以提高果实的商品性，增加经济收益。主要环节：果实＋漂洗（包括涂清洁剂、刷洗、清水漂洗或淋洗）→保鲜剂（杀菌）→擦干或风干→涂蜡＋抛光→选果（品质分级）→贴标签→单果包装→装箱（或装袋）→成品。

2. 商品化处理的设备

柚类商品化处理生产线，一般由主要由进料口、清洗、烘（风）干、打蜡、分级、贴标、包装等部分组成。柚类分级可按横径分级型、重量分级型、光电分级型。横径分级是在生产线滚筒分级圆口或滑槽，按果实的横径分级；重量分级是利用在线果实重量感应器分级；光电分级型生产线是在重量分级型的基础上，增加了果皮色泽和内质（糖、有机酸）在线检测设备，增加果实果皮颜色（成熟度）分级，是目前果实分级技术含量最高的分级设备。

3. 主要环节技术要求

（1）清洗。柚类果实采收后当天进行清洗，可采用手工清洗或机械清洗，手工清洗时操作人员应戴软质手套，清洗所用机械不得擦伤果实。在果面不太脏情况下，用清水清洗可达到目的；而果面较脏时，清水中加入清洗剂才能达到理想效果，选用水果专用清洗剂。如果清洗后不准备再进行防腐保鲜处理，可在清洗中加入防腐剂或防腐保鲜剂，能明显减少果实腐烂和保持新鲜度。

（2）风干。柚果清洗后应尽快使果面水分晾干或风干可采用自然晾干或机械风干。自然晾干有兼发汗作用，应在气调通风库房进行，晾干时间不少于48h；采用机械风干，以吹干表面水分为度，可采用低于50℃热风吹干，而且持续时间不超过5min。

（3）打蜡。柑橘果实打蜡，一般仅用于国内销售，出口柚果要根据进口国水果进出口要求决定是否打蜡。柚类果实打蜡的作用主要有：改善果实光洁度，果皮光滑而光亮，反光性好，光泽大大增强；防止果实萎蔫，打蜡后，能减缓水分蒸腾，减少果实失重和防止果皮皱缩；改善果皮颜色，能增加果皮颜色深度。

柚类打蜡所用的蜡液必须是食品级的，去皮食用的柚类所用蜡液的卫生指标必须满足无公害食品标准要求。一般采用打蜡机，经过喷蜡、毛刷涂刷来完成打蜡。打蜡处理以后最好贮藏在冷库中，长途运输和销售也应在冷链下进行。

二、果实贮藏与运输

井冈蜜柚集中在 9—11 月成熟，随着栽植面积和产量的增长，做好柚果的商品化处理和保鲜贮藏工作，对确保收益和延长鲜果销售时间，调节市场供应，满足消费者需求有重要意义。柚果的中果皮特别发达，海绵组织较厚，柚果在柑橘中表现十分耐贮，俗称天然罐头，如在常温下泰和沙田柚贮藏 120 天，金沙柚、金兰柚贮藏 100 天，其食用新鲜度、风味和品质不减。桃溪蜜柚不宜久存，宜以鲜销为主。

（一）库房准备

在入库前四周要修缮隔热设施，填堵老鼠洞，用石灰水粉刷墙壁，修理门窗及屋面，修补、添置或整理库房中的木材或合金钢架、贮藏箱等，清洁库房并消毒。消毒办法：将需重复使用的盛果筐、箱、篓，先用清水洗净，然后浸没在浓度为 1 000mg/kg 甲基托布津药液中 5~10s，凉干后置于库房待薰蒸消毒。在入库前两周点燃硫黄粉对库房进行薰蒸消毒，每立方米库容用硫黄粉 100g，薰蒸时密闭所有门窗和通风口，24h 后通风排除剩余的二氧化硫气体待用。

（二）　常温通风库贮藏

新建通风贮藏库宜选址在交通方便、地势平坦、四周空旷、无污染源之地，经专业设计，建有隔热、防鼠、防鸟和通风设施。这种库是在良好的隔热条件下，利用库内外或昼夜温差的变化，通过关或开通风窗（扇），调节库内温度和湿度，使库内有比较稳定的小气候环境。

入库贮藏时果实要按等级装箱或码堆、摆架，贮箱按品字形成堆码垛，层数不宜过高，一般 6～8 层，以免下层挤压受伤。贮箱或单果也可直接摆在架上，架与架之间有过人的通道，垛或架的走向应与通风方向一致。每批次入库果要挂标记牌，标记牌要记录品名、产地、入库日期等相关内容，做到先入库先出库。

初期管理：果实入库的头 15～20 天，库内温、湿度偏高，在管理上应昼夜打开门窗和排气扇，加强通风，降温排湿，促其蒸发，待果实失重 3%～4% 时即可关闭通风窗。

中期管理：12 月下旬至翌年 2 月上中旬气温较低，果实呼吸强度和蒸发量均减小，库内温湿度变幅小，库温保持在 5～10℃，相对湿度保持在 85% 较适宜。当库内温度偏高，可调节通气量进行调整。当湿度过高时，应进行通风排湿或生石灰吸潮，当外界温度低于 0℃ 时，一般不通风。

后期管理：开春后外界气温回升，宜在早、晚开窗通气，白天闭窗，以降低库内温度和不良气体浓度，2 月隔 3～5 天通风换气 1 次，3 月隔日通风换气 1 次。

库房通常用干湿球温度计，管理人员要在每天上午和下午定期观测记载温、湿度数据，注意温湿度变化情况，及时开启或关闭通风设施。在前、后期的管理中，更要注意定期检查烂果现象，发现烂果及时处理。

（三） 普通民房常温贮藏

可选用无污染源，空气洁净，通风条件好，地面硬化的住房、闲置房、旧仓库作为贮藏库。贮藏二周前做好房间的清洁和门窗修缮，贮藏架摆放整齐，贮藏箱清洗消毒晾干后置于房中，点燃硫黄进行熏蒸消毒处理，24h后排除残余气体后待用。

果箱装果入贮时，果箱堆垛排列或摆架排列方向要与室内空气流向一致，垛间或架间要留好通风道。也可散堆在地面上，果实堆的厚度不要高于80cm，面积大时，中间用木板或果箱隔成几个小区，留出过人通道。其贮藏管理参考常温通风库贮藏。这是一种简单易行且经济适用的贮藏方法。

（四） 果实运输

果实运输是连接生产者与消费者的纽带，经包装后的果实，运往全国乃至世界各地，实现空间再分配，达到效益最大化。运输途中应注意气候变化，做到遮阴避风防淋，用来装运果实的车厢或船仓必须清洁、安全、卫生、无异味，装运过化肥、散盐或其他化工产品的车厢（船仓）必须冲洗干净，更不能与有毒有害物质混装，以保障消费者安全。装卸、搬运过程中一定要轻装轻卸，减少破损。装车时，果箱要排列整齐，挨紧不留空隙，把振动幅度降到最低，箱层不能太高，以免下层果压伤。严禁在果箱上站人或置重物，尽量不要散装运输，不宜同其他物资混装。卸货时要从上逐层依次搬下。总之，选择快速运输工具，便捷路线，熟练装卸工，快装快运，以最快的速度最短的时间最低的损耗安全送达。

三、果实加工与利用

井冈蜜柚是芸香科柑橘属水果，有 3 个主导品种：金沙柚、桃溪蜜柚、金兰柚。

（一）柚子肉深加工

柚子肉含大量的甙类物质，还含有胡萝卜素、维生素 B_1、维生素 B_2、维生素 C、烟酸、亦含丰富的钙、磷、铁，新鲜柚子汁中含有类胰岛素的成分，可降低血糖。目前柚子果肉的深加工方式主要是柚子果酒、柚子果醋、柚汁饮料、柚子茶、柚子粉、柚子乳酸菌饮料、柚子糖、蜜饯等产品。

1. 柚子果酒

（1）工艺流程。

　　　　　　　活化好的果胶酶　　　　　　活化后的干酵母
　　　　　　　　　↓　　　　　　　　　　　　↓
柚子鲜果→清洗→粉碎、榨汁→酶解→过滤→果汁→杀菌→控温发酵→分离→陈酿→净化→酒质改善→冷热处理→过滤→杀菌→灌装→成品

（2）工艺说明。

①清洗。将选好的柚子用自来水冲洗干净后，用 20～25℃ 的温水进浸泡半个小时，再用 1% NaOH 溶液于 30℃ 条件下浸泡 15min，最后用清水冲洗干净，以除去果皮中可能附带的残留农药、尘泥等。

②粉碎、榨汁。将洗净的柚子切成小块，然后用榨汁机榨汁。

③酶解。按用量的 60mg/kg 加入活化好的果胶酶，酶解时间为 4～6h。果胶酶可以提高出汁率，并降低果浆黏度，有利于

原酒的澄清和装瓶后酒体的稳定,同时可以降低苦涩味。

④过滤。用双层滤布(约40目)将皮渣滤出。

⑤杀菌。将果汁在65~70℃,10~20min条件下进行杀菌。该条件可以钝化氧化酶和柠碱转化酶,防止产生苦涩味,还可以保证杀灭杂菌,同时不会造成柚子营养成分的损失和色素的分解。此温度还有利于即将接入的酵母菌的繁殖。

⑥控温发酵。加入100mg/L SO_2,并将活化好的干酵母加入,循环搅拌均匀。发酵温度为14~16℃,注意采取降温措施。发酵时间为,10~15天,使最终发酵酒度在(15±1)%vol,含糖量为(50±1)g/L。

⑦分离。在转速3 000r/min下离心10min,将聚沉的酵母分离出去,终止发酵。

⑧陈酿。将离心后的酒液在温度低于18℃条件下陈酿1个月。

⑨净化处理。用明胶100mg/L,加入后充分搅拌均匀,下胶后静置5~7天。分离上清液和酒脚,将酒脚用板框过滤机过滤,再将过滤液和上清液混合,经硅藻土过滤机过滤,得到澄清的酒液。

⑩酒质改善。根据口感加入蜂蜜调整,达到酸甜适度,没有苦涩味。

⑪冷热处理、过滤。将调配后的酒液温度降至-9~-8℃保持7~10天,可促进酒石沉淀。再将酒液在45℃下处理7~10天,可防止蛋白破败,加速酒的成熟。

⑫杀菌、灌装。采用75~80℃,20min的热灌装方法。

2. 柚子果醋

(1)工艺流程。

复合果胶酶　　　　　　安琪酵母　醋酸菌种
　　↓　　　　　　　　　　　↓　　　↓

柚子→预处理→榨汁→酶解→静置澄清过滤→调整酸糖→酒精发酵→醋酸发酵→脱苦脱涩→醋酸纤维膜过滤→调配→过滤→灌装→杀菌→成品

（2）工艺说明。

①选果。选择新鲜优质的井冈蜜柚为原料，要求糖分含量高，酸度适中，香气浓，液汁丰富，充分成熟，无霉烂变质。

②榨汁。采用 LBJ - 600 榨汁机榨汁。

③酶解。50℃、2.5h、pH 值 3.5 的条件下酶解。

④调整糖酸。为了使酿成的酒质量好，并促使发酵顺利进行，澄清后的原汁需根据果汁成分及成品要求调整糖度和酸度。

⑤酒精发酵。将经过活化的酵母液接种发酵，接种量为 0.07%，且每天检测发酵液的糖、酸及酒精含量。发酵时间约 4 天，残糖 < 0.4% 时结束发酵。

⑥醋酸发酵。经过扩大培养的醋酸杆菌接种于酒精发酵液中，接种量 0.7%，发酵时间约 5 天，每 12h 检测乙酸含量，至乙酸含量不再上升为止。

⑦调配。根据膳食营养平衡和人们消费嗜好，加入蔗糖、蜂蜜等物质进行饮料的风味调整（柚子果醋饮料最佳配方：柚子汁 12%，柚子醋 15%，蜂蜜 5%，蔗糖 10%）。

⑧过滤。用醋酸纤维膜过滤除去杂质，提高果醋的稳定性和透明度。

⑨杀菌。采用 85℃/15min 的水浴灭菌法杀灭细菌。

3. 柚汁饮料

（1）工艺流程。

原料选择→清洗→整果磨油、丢皮→去囊衣→榨汁→粗滤→除苦、调整糖度→均质→脱气→加热调香→装罐杀菌→密封→贮藏

（2）工艺说明。

①选果。选择新鲜优质的井冈蜜柚为原料，要求成熟度应达九至九成半，无腐烂，无病虫害，出汁率高，气味芳香，风味浓甜，甜酸适度，汁液有较好的浑浊度和稳定性。

②清洗。将选好的柚子用自来水冲洗干净后，用 20 ~ 25℃的温水进浸泡半个小时，再用 1% NaOH 溶液于 30℃条件下浸泡15min，最后用清水冲洗干净，以除去果皮中可能附带的残留农药、尘泥等。

③磨油去皮。将处理好的柚果分批放入转鼓式磨油机内磨油，边滚动磨油边喷淋，将磨出的油冲洗掉。用人工剥去柚果皮及柚瓣囊衣，除净种子。

④榨汁。将纯净的沙囊放入筛孔直径为 0.6 ~ 0.8mm 的螺旋压汁机或其他压汁机压汁。

⑤过滤。柚果榨汁机榨出的果汁尚含有较粗的碎汁胞，用筛孔直径为 0.4mm 的压汁机粗滤肉渣。

⑥除苦、调整糖酸度。将 60% ~ 70% 经粗滤后的柚果汁与30% ~ 40% 白砂糖混合，加入适量的柠檬酸，把柚果汁中的糖度调为 11% ~ 12%，含酸量为 0.8%。鲜柚汁中有极轻微的柚皮苷苦味，可保持其特有风味。若苦味过重，可在柚果汁中加入适量 β - 环糊精以抑制苦味或用离子交换树脂处理经粗滤的柚汁，除去多余的柚皮苷。

⑦均质和脱气。将配制好的饮料（原汁添加量8%）用均质机均质 3 次，均质压力为 20 MPa，均质温度为 40℃左右。采用真空脱气法将均质后的果汁进行脱气。

⑧加热调香。用片式或管式热交换器，将柚汁加热至 85℃，立即加入事先用食用酒精溶解好的柚皮油搅拌均匀。趁热装罐。添加柚皮油（冷磨精油）调香度，使柚汁接近自然香度。

⑨装罐杀菌。装罐后立即密封，密封时柚汁温度不应低于

55～57℃，密封后置于沸水（或蒸汽）中杀菌3～6min，然后迅速冷却。装箱后即可入库待售。

4. 蜂蜜柚子茶

（1）工艺流程。

选果、清洗→切片→盐浸脱苦→加入增稠剂、酸味剂→熬煮→冷却→加入蜂蜜→罐装→杀菌→冷却

（2）工艺说明。

①选果。选择新鲜优质的井冈蜜柚为原料，要求糖分含量高，酸度适中，香气浓，液汁丰富，充分成熟，无霉烂变质。

②清洗。将选好的柚子用自来水冲洗干净后，用20～25℃的温水进浸泡半个小时，再用1% NaOH溶液于30℃条件下浸泡15min，最后用清水冲洗干净，以除去果皮中可能附带的残留农药、尘泥等。

③切片。剥下柚皮并切分，规格为：（0.20～0.30）cm×（4.0～5.0）cm，切分后备用。

④脱苦。在80℃的水中加入1% β－环糊精，将柚皮放入，浸泡2分钟。

⑤增稠、调味。加入0.7%的羧甲基纤维素钠（CMC）：结冷胶＝2：1的增稠剂，加入0.125%柠檬酸、0.25%苹果酸调味。

⑥熬煮。将处理好的柚子皮和柚子肉以1：1的比例放入适量清水中进行熬煮。

⑦加蜂蜜。冷却后，加入45%蜂蜜。

⑧罐装杀菌。装罐后立即密封，置于沸水（或蒸汽）中杀菌3～6min，然后迅速冷却。装箱后即可入库待售。

5. 柚子粉

（1）工艺流程。

柚子→选果、清洗→剖果 ⎰ 柚肉→去囊衣、去核→热烫
　　　　　　　　　　　　 ⎱ 柚皮→去外皮→分割切片→预
煮→漂水→酸煮→打浆→胶体磨→酶解→灭酶→配料杀菌→均
质→喷雾干燥→包装→成品
　　　　　　　↑
　　　　　其他辅料

（2）工艺说明。

①选果。选择新鲜优质的井冈蜜柚为原料，要求糖分含量高，酸度适中，香气浓，液汁丰富，充分成熟，无霉烂变质。

②清洗。将选好的柚子用自来水冲洗干净后，用 20～25℃ 的温水进浸泡半个小时，再用 1% NaOH 溶液于 30℃ 条件下浸泡 15min，最后用清水冲洗干净，以除去果皮中可能附带的残留农药、尘泥等。

③剖果。将洗净后的柚子剖开，将果皮与果肉分离。

④去外皮、切片。去除柚皮外皮，留柚皮白色层，切成细片状。

⑤预煮、漂水、酸煮。切成细片状的果皮在 1%～3% 的食盐水中煮沸 5～15min，捞起，置流动水中漂洗 15min，捞起沥干，在酸性水溶液（柠檬酸）中煮制 10min，捞起。

⑥柚肉热烫。柚肉去除果核及囊衣层，于 95℃ 热水烫 30s，捞起。

⑦打浆。将柚皮及柚肉置打浆机进行打浆。

⑧研磨。经胶体磨研磨两次，使纤维细化。

⑨酶解。加入 0.2% 的果胶酶和 0.1% 的纤维素酶，在 45℃、2h、pH 值 4.5 的条件下酶解。酶解结束后灭酶。

⑩配料杀菌。加入其余配料，采用高温短时杀菌，杀菌温度 90℃，杀菌时间 1min；降温至 65℃。

⑪均质。采用三次均质，第一次均质压力为 25～30MPa，第

二次及第三次均质压力为 35～40MPa，物料温度为 62～65℃。

⑫喷雾干燥。采用离心式喷雾干燥机进行干燥，进风温度 160℃，排风温度 75℃，进料温度 70℃。

（二）柚子皮综合利用

柚子皮占整个柚子的 43%～48%，含有黄酮类化合物、天然色素、膳食纤维类、柠檬苦素、香精油等，这些成分高于柚子肉。现代医学研究表明，柚皮提取物具有很多生理活性，包括抗氧化、抑菌、抗肿瘤、提高免疫力、降血糖、降低心血管疾病等活性。目前柚子皮主要用于提取香精油、黄酮类化合物、果胶和色素等，但其开发利用价值还远不止如此。柚子皮活性物质的提取纯化还处于初级阶段，应在原有工艺基础上改进提取分离技术，将提取工艺产业化示范，获得高附加值产品并进行功能性食品的研制与开发，见下图。

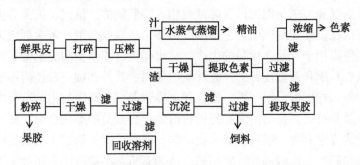

图　柚子果皮综合利用工艺流程图

1. 提取精油

柚皮香精油是柚子表皮油胞中含有的一类具有芳香气味的化合物，其组成主要有芳香族化合物、萜类化合物和脂肪族化合物等。香精油在柚皮中的含量约 0.5%。这些精油具有祛痰、平喘、止咳、促进消化液分泌、促进胃肠蠕动、抗菌消炎、祛除自由基溶解胆结石和镇痛等作用。柚皮香精油具有独特的芳香风味，是啤酒、饮料、糖果等食品中的附香剂和矫味剂，而且它的气味令人愉悦，也是许多日化产品的增香剂。柚皮精油的提取方法有：水蒸气蒸馏法、溶剂浸提法、压榨法、冷磨法、微波萃取法、超声波辅助提取法和超临界流体萃取法等。目前应用较广泛的方法是水蒸气蒸馏法、压榨法、冷磨法。柚子香精油的冷磨法提取工艺是：原料→洗净和分级→磨油→分离→精制→成品。

2. 提取色素

柚子皮中含有两类性质不同的天然色素：脂溶性的类胡萝卜素和水溶性的黄色素，这两类天然色素可广泛用于食品加工，比化学合成的色素更安全。

水溶性的黄色素主要组成是黄酮类化合物，即柚皮苷。柚皮苷在柚皮中的含量3%~5%，是形成柚皮苦味的主要物质（占柚皮中苦味物质的80%以上）。研究表明柚皮苷具有很强的清除自由基和抗氧化能力以及降低血脂、降胆固醇、抗癌、抗菌等生理活性。在食品工业上，柚皮苷可作为风味改良剂、苦味剂或天然色素用于食品、饮料的生产，又可作为合成新型甜味剂柚苷二氢查耳酮和新橙皮苷二氢查耳酮的原料。此外，柚皮苷还能用于制备如柠檬素、鼠李糖、酸性偶氮染料等多种高附加值的有机物以及具有更高生物活性和药用价值的半合成黄酮类化合物。柚皮苷的提取方法一般有：热水提取法、有机溶剂提取法、微波提取法和超声波提取法等。常用的方法为有机溶剂提取法，而最常用的溶剂是乙醇，因乙醇无毒，提取率高。超声波辅助溶剂提取可有效提高提取率，而且得到的产物纯度高。

脂溶性类胡萝卜素的基本结构是多个异戊二烯结构首尾相连的大共轭多烯，其中α-胡萝卜素、β-胡萝卜素、γ-胡萝卜素和玉米黄素是维生素 A 的前体物质，可在动物体内转化成具有生理活性的维生素 A。维生素 A 是维持人体健康必需的物质，在人体内具有维持正常视觉、维护上皮组织的完整与健康、抗氧化和抗癌的作用。类胡萝卜素提取的方法有酶法、有机溶剂提取法、超声波辅助提取法、微波辅助提取法和超临界流体萃取法。

3. 提取膳食纤维

柚子皮中膳食纤维的含量很高，有研究表明，柚皮膳食纤维的提取率为 50%。膳食纤维分为水溶性和水不溶性膳食纤维，仅水溶性膳食纤维就高达 30%。水溶性膳食纤维和水不溶性膳食纤维的功能不同，提取方法也不同。

水溶性膳食纤维主要成分为果胶。柚子皮果胶是一种以 α - 半乳糖醛酸中的 C_1 和 C_4 通过 $\alpha - 1$，4 苷键连接而形成的直链高分子链复合多糖，分子量在 5 000 ~ 18 000，易溶于水，不溶于乙醇及其他有机溶剂。在新鲜的柚皮中含量可达 6%，在干柚皮中含量达 10% ~ 30%。柚皮果胶具有很好的增稠、胶凝、乳化和稳定作用。研究表明，果胶具有降血糖、抗癌、抗腹泻、减肥、预防糖尿病等功效。柚皮果胶的提取方法有酸水解乙醇沉淀法、高价铁盐沉淀法、复合果胶酶法、微波辐射萃取法、超声波辅助提取法等。

水不溶性膳食纤维主要由木质素、纤维素及些半纤维等组成，能够促进胃肠蠕动吸收食物中的有毒物质以及消化道中细菌排出的毒素，有效地降低肠癌发生的几率。水不溶性膳食纤维的提取有化学法和酶法，化学法：样品→加碱→过滤→漂洗到中性→加酸→漂洗至中性→过滤→烘干→称重→磨细→过筛→成品；酶法：样品→胰蛋白酶水解→过滤→漂洗→淀粉酶水解→漂洗→过滤→烘干→称重→磨细→过筛→成品。也可以将酶法和化学法结合，化学法提取水不溶性膳食纤维的提取率最高，但酶法和化学法相结合所得的水不溶性膳食纤维纯度更高而且膳食纤维的持水力和膨胀力更好。

4. 提取柠檬苦素

柠檬苦素是柚皮呈现苦味的另一主要原因，它是类具有呋喃环的三萜类化合物，主要以游离苷元和配糖体两种形式存在于芸香科（Rulaceae）和楝科（Meliaceae）植物中，其中柑橘属（*Citrus*）含量最为丰富。柠檬苦素的主要生理活性有抗癌、抗菌、抗病毒，镇痛消炎，昆虫拒食性和对免疫细胞异常增殖有抑制作用的。柠檬苦素对细菌（如猪霍乱沙门氏菌、枯草芽孢杆菌、藤黄微球菌等）和真菌（如黑曲霉、白地霉、扩展青霉、链核盘菌属等）均有抑制或杀死作用。柠檬苦素类除用于功能性食品加工以外，还可以利用其昆虫拒食性开发绿色农药，用于农业上的虫害防治。柠檬苦素的提取工艺是：粉碎→脱脂→萃取→分离→纯化→洗脱→结晶，常用的萃取系统有水—三氯甲烷、乙醚—水（体积比为 1∶1）、己烷—二氯甲烷—甲醇、石油醚—三氯甲烷—甲醇等。

5. 作吸附剂

柚皮中的白色海绵层中纤维素含量非常高，并含有大量可与染料分子结合的羟基和羧基基团，能有效吸附染料和重金属。同时柚皮具有丰富的多孔结构，平均孔径在 $2\sim20\mu m$，这样的孔隙结构有利于染料大分子的吸附。在活性染料废水的处理中，柚子皮可以作为一种新型的吸附剂被应用。柚子皮对重金属 Pb^{2+}、Cr^{3+}、Cu^{2+}、Ni^{2+} 等也有很好的吸附作用。但是将柚子皮实际用于废水处理还有很多问题需要解决，例如，柚子皮以什么状态使用。如将柚子皮干燥后磨成粉使用，柚子皮在吸附废水中的染料和重金属的同时，也带入了有机物，使得废水的 COD 和 BOD 值升高。王宇迪等通过将柚子皮微波裂解制得柚子皮炭，用化学活化法制备高品质的柚子皮活性炭，吸附性达到木质味精精制用颗粒活性炭国家一级品标准。

参考文献

贝惠玲，莫慧平．2007．柚子粉的研制［J］．食品研究与开发，28（2）：98-100．

陈国庆，杨廉伟，黄振东，等．2011．柑橘病虫害诊断与防治原色图谱［M］．北京：金盾出版社．

陈煜．2012．沙田柚高产栽培技术［M］．北京：科学普及出版社．

程运江．2011．园艺产品贮藏运销学［M］．北京：中国农业出版社．

方岩雄，张昆，黎文坚，等．1996．柚子果皮的综合利用［J］．食品与机械（6）：34-35．

甘廉生，梁军，林志雄，等．2002．中国名柚高产栽培［M］．北京：金盾出版社．

贺善文．1988．柑桔手册［M］．长沙：湖南科学技术出版社．

靳桂敏，贺银凤，钟震雄．2007．柚子果醋及其饮料生产工艺研究［J］．中国酿造（2）：64-66．

李娜，张超．2010．蜂蜜柚子利口酒的研制［J］．酿酒，37（5）：67-68．

刘昭明，何仁，黄翠姬，等．2002．粒粒柚果汁饮料的生产工艺研究［J］．广西工学院学报，13（1）：67-70．

龙翰飞，李彩屏．1987．柑橘贮鲜原理与技术［M］．长沙：

湖南科学技术出版社.

罗耀光. 1985. 柑橘病虫害防治手册 [M]. 长沙：湖南科
学技术出版社.

邱强，罗禄怡，蔡明段. 1994. 原色柑橘病虫图谱 [M].
北京：中国科学技术出版社.

沈廷厚，廖振风，朱一清，等. 1990. 江西柑橘 [M]. 南
昌：江西科学技术出版社.

石健泉，沈丽娟. 2000. 沙田柚优质高产栽培 [M]. 北京：
金盾出版社.

田晓菊. 2015. 柚子皮的综合利用研究进展 [J]. 饮料工
业，18 (4)：50 - 54.

王俊华. 2011. 柚汁复合果汁 [D]. 北京：重庆三峡学院.

吴光林. 1986. 柑桔生产新技术 [M]. 上海：上海科学技
术出版社.

杨宁. 2015. 柚子全果综合利用及生物活性研究进展 [J].
广州化工，43 (5)：9 - 11.

杨胜陶，向德明. 1993. 椪柑丰产栽培技术 [M]. 长沙：
湖南科学技术出版社.

姚壮和，张立彦，芮汉明. 2013. 全柚果汁饮料的研制
[J]. 现代食品科技，29 (5)：1 106 - 1 109.

易海斌，杨丹青，郭烨. 2011. 蜂蜜柚子茶工艺优化 [J].
江西食品工业 (2)：37 - 38.

张太平，彭少麟，王峥峰，等. 2001. 柚类种质资源分类鉴
定初步研究 [J]. 生态科学，20 (3)：1 - 7.

张太平，彭少麟. 2000. 柚的起源、演化及分布初探 [J].
生态学杂志，19 (5)：58 - 61.

张怡，曾绍校，郑宝东. 2011. 柚子皮总黄酮提取工艺的研
究 [J]. 中国农学通报，27 (13)：100 - 103.

中国科学院《中国植物志》编辑委员会 . 2014. 中国植物志
　　[M]. 北京：科学出版社 .
DB36/T 811—2014 井冈蜜柚 生产技术规程.

附录一 柚的分类及国内外柚类产业发展情况

一、柚的分类

从植物分类学角度划分，柚类有柚、葡萄柚两种。柚又名文旦、香抛、气柑，以鲜食为主，在亚洲栽种较多，中国柚的人工栽培最早，夏书《禹贡》就有"扬州—厥包橘柚锡贡"的记载；《吕氏春秋》有"果之美者，云梦之柚"之说，证明柚的栽培至少有三千多年的历史。葡萄柚约于 1750 年首先发现于南美巴巴多斯岛，1880 年引入美国，约 1940 年前后引入我国。美洲植物区系根本没有柑橘属植物，故其亲系起源应在亚洲，追源溯流可能在中国，目前以美国、加勒比海诸国、澳大利亚、埃及等地栽培较多。

柚还可从品种群、果实成熟期、果实酸甜度、果形和果肉颜色等进行分类。

（一）按品种群划分

1. 沙田柚品种群

包括现有栽培沙田柚及其衍生品种、品系、类型。如广西容县、平乐、恭城等大部地区的沙田柚、桂林沙田柚、湖南江永香柚、祁东香甜柚、江西斋婆柚、贵州石阡沙田柚、四川遂宁沙田柚、重庆长寿正形沙田柚（古老钱沙田柚）、菊花心沙田柚、火印柚、古老钱变种沙田柚、冬瓜圈沙田柚、癞疥疤沙田柚、真龙柚等。

2. 文旦柚品种群

包括典型的文旦柚类及普通柚类，该类群群体最大，风味以酸甜为主，少数品种类型微具苦麻尾味。该类群中有许多著名良种，如玉环柚、琯溪蜜柚、早香柚、四季柚、下河蜜柚、湖滨蜜柚、度尾文旦柚、坪山柚、垫江白柚、通贤柚、脆香甜柚、凤凰柚、梁平柚、五布柚、安江香柚、横碛甜柚、晚白柚、白市柚、龙安柚、新都柚、冰糖柚、彭州柚、牵牛山柚、漳州柚、龙都早香柚、三元红心柚、蓬溪柚等。

3. 种间杂种柚群

如橘柚、夔柚、香圆（宜昌柠檬）、常山胡柚、苏柑、武夷橙、秀山橙柑、温岭高橙、都安大沙柑等。

（二）按果实成熟期划分

1. 特早熟柚

果实9月上旬前成熟。如六月柚（8月成熟）、龙柚1号、东试早柚、大湖特早熟柚、勐仑早柚等。

2. 早熟柚

果实9月中旬至10月中旬成熟。如金沙柚、桃溪蜜柚、永嘉早香柚、坪山柚、度尾文旦柚、芦芝袖、麻豆柚、长泰文旦柚、凤凰柚、龙都早香柚、三台台北柚、中江柚、五布柚、金香柚、白宫早柚、桑麻柚、罗定无核柚、白芽柚、江坝柚、砧板柚、早禾柚、曼赛龙柚、小甜柚、土沱红心柚、鄢1号早熟璃溪蜜柚、丝线柚、龙回早柚、红书柚等。

3. 中熟柚

果实10月下旬到11月中旬成熟。如金兰柚、沙田柚、玉环

柚、四季柚、常山胡柚、琯溪蜜柚、下河蜜柚、湖滨蜜柚、垫江
白柚、通贤柚、脆香甜柚、渡口柚、梁平柚、龙安柚、白市柚、
营山冰糖柚、新都柚、彭州柚、丰都红心柚、蓬溪柚、夔府红心
柚、梅湾柚、安江香柚、祁东香甜柚、横碛甜柚、毛橘红柚、红
心柚、朱岸柚、岳柚 5 号等。

4. 晚熟柚

果实于 11 月下旬至翌年 1 月成熟。如晚白柚、金堂薄皮柚、
菊花心柚、红柚、铜仁少核柚、文峰柚、邻苗柚、邻水大白柚、
德蜜柚、西施柚等。

(三) 按果实酸甜度划分

1. 甜柚

含总酸量 0.2% ~ 0.6%，可溶性固型物 11% ~ 19%。如沙
田柚、金沙柚、金兰柚、桃溪蜜柚、斋婆柚、村头柚、八月
柚等。

2. 甜酸柚

含总酸量 0.7% ~ 1.1%，可溶性固型物 11% ~ 15%。如琯
溪蜜柚、玉环文旦柚、西施柚等。

3. 酸柚

含总酸量 1.2% ~ 1.8%，可溶性固型物 10% ~ 13%。如毛
橘红柚、安江糯米柚、化州橘红柚等。

(四) 按果形划分

1. 圆球形或近圆球形

如晚白柚、毛橘红柚、德庆蜜柚、橘红柚、白酸柚等。

2. 扁锥圆形

如玉环扁锥圆形文旦柚、五布柚、凤凰柚、安江石榴柚、八
月柚、渡尾文旦柚、书都柚、大湖特早熟柚等。

3. **扁圆至高扁圆形**

如梁平平顶柚、砧板柚、蓬溪柚等。

4. **长圆锥形**

如玉环长圆锥形文旦柚、邬1号早熟琯溪蜜柚等。

5. **长圆形**

如金香柚。

6. **倒卵形、长卵形**

如脆香甜柚、四季抛柚、安江香柚、渡口柚、下河蜜柚、金沙柚、金兰柚、麻豆文旦柚等。

7. **梨形、葫芦形**

如沙田柚、桃溪蜜柚、斋婆柚、永嘉早香柚、垫扛白柚、段氏柚、白宫早柚、早禾柚等。

（五）按果肉颜色划分

1. **红柚类**

果肉呈粉红色或红色，如红心蜜柚、坪山柚、马家柚、五布柚等。

2. **白柚类**

果肉呈白色，如金沙柚、金兰柚、桃溪蜜柚、琯溪蜜柚、文旦柚、沙田柚等。

3. **黄柚类**

果肉呈黄色，如黄肉柚等。

二、国内外柚类产量发展情况

（一）世界柚类生产情况

据联合国粮食及农业组织的统计数据，2013年世界柚类投产面积为 31.5 万 hm² (数据来源于联合国粮食及农业组织网站：www.fao.org，下同)，总产量为 825.5 万 t。2000—2013 年世界柚类投产面积和总产量总体呈上升趋势 (图 1)，但某些年份起伏较大，可能与恶劣天气或病虫为害有关。

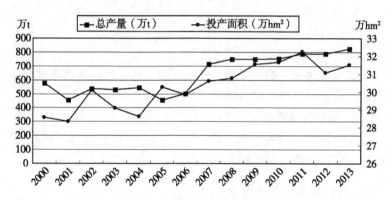

图 1 2000—2013 年世界柚类总产量和投产面积变化情况

2000—2013 年世界柚类单位面积产量变化情况如图 2 所示，2000—2001 年、2004—2005 年下降较多，其他年份呈上升趋势或基本持平。

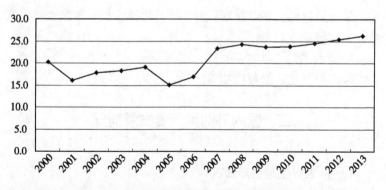

图 2 2000—2013 年世界柚类单位面积产量变化情况 (t/hm²)

2013 年柚类投产面积最高的 10 个国家（图 3）分别是中国、越南、泰国、美国、墨西哥、印度、南非、阿根廷、古巴和孟加拉国。其中，中国、越南、泰国、美国和墨西哥的柚类投产面积为 19.47 万 hm^2，占世界柚类总投产面积的 61.80%，中国柚类投产面积为 7.8 万 hm^2，占世界柚类总投产面积的 24.75%。

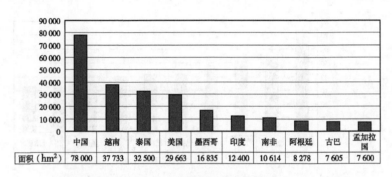

	中国	越南	泰国	美国	墨西哥	印度	南非	阿根廷	古巴	孟加拉国
面积（hm^2）	78 000	37 733	32 500	29 663	16 835	12 400	10 614	8 278	7 605	7 600

图 3　2013 年柚类投产面积最高的国家或地区（hm^2）

2013 年柚类产量最高的 10 个国家分别是中国、美国、越南、墨西哥、南非、泰国、印度、土耳其、以色列、阿根廷。其中，中国柚类产量为 371.7 万 t，占世界柚类总产量的 45.03%（图 4）。

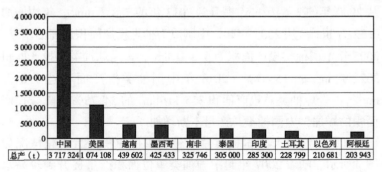

	中国	美国	越南	墨西哥	南非	泰国	印度	土耳其	以色列	阿根廷
总产（t）	3 717 324	1 074 108	439 602	425 433	325 746	305 000	285 300	228 799	210 681	203 943

图 4　2013 年世界柚类主产地产量情况（t）

2013 年柚类单位面积产量最高的国家是以色列，其次是土耳其、塞浦路斯和中国等（图5）。2013 年柚类单产面积最高的10 个国家或地区中，除中国和美国外，投产面积均较小，总产量也不高，说明适度面积的精品农业可能更有利于提高柚类的单位面积产量。

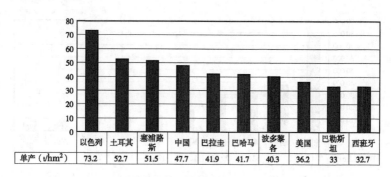

单产（t/hm²）	以色列	土耳其	塞浦路斯	中国	巴拉圭	巴哈马	波多黎各	美国	巴勒斯坦	西班牙
	73.2	52.7	51.5	47.7	41.9	41.7	40.3	36.2	33	32.7

图5　2013 年柚类单位面积产量最高的 10 个国家或地区（t/hm²）

（二）中国柚类生产情况及与其他国家的对比

如图 6 所示，2000—2013 年中国柚类投产面积稳步提升，从 2000 年的 3.6 万 hm² 提升到 2013 年的 7.8 万 hm²，年均增加 0.32 万 hm²。从 2005 年起，中国成为柚类投产面积最高的国家，2005 年中国柚类投产面积为 4.8 万 hm²，占全球柚类总投产面积 302 537hm² 的 15.87%，2013 年中国柚类投产面积达 7.8 万 hm²，占全球柚类总投产面积 315 116hm² 的 24.75%。随着投产面积的增加，中国柚类总产量不断增加。

2000—2013 年中国柚类总产量和单位面积产量变化情况如图 7 所示，随着 2007 年起中国柚类单位面积产量提升到较高水平，我国柚类的总产量也得到较大提升。

2000—2013 年中国和美国柚类产量对比如图 8 所示，2007

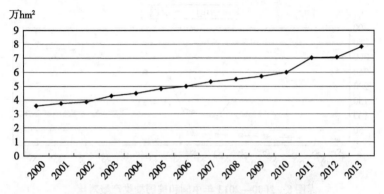

图6 2000—2013年我国柚类投产面积变化情况

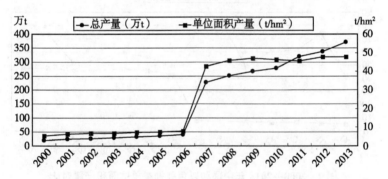

图7 2000—2013年我国柚类总产量和单位面积产量变化情况

年以前，美国是全球最大的柚类生产国，1991—2002年美国的柚类年产量一直维持在200万 t 以上，但从2000年开始产量逐年缩减，其中2004—2005年下降幅度最大，从196.4万 t（占全球柚类总产量544.7万 t 的36.05%）下降到92.4万 t（占全球柚类总产量454.4万 t 的20.32%）。从2007年开始，中国超越美国成为全球柚类产量最高的国家，2013年中国柚类总产量达371.7万 t，占全球柚类总产量825.5万 t 的45.03%。

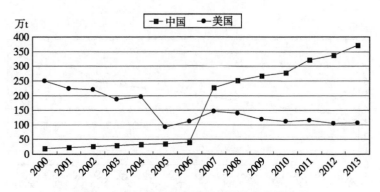

图8 2000—2013 年中国和美国柚类产量对比

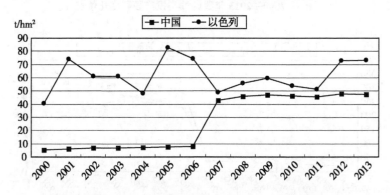

图9 2000—2013 年中国和以色列柚类单位面积产量对比

2000—2013 年中国和以色列柚类单位面积产量对比情况如图9 所示，以色列柚类单产常年处在较高水平（但波动较大），尤其是 2005 年达到了 82.6t/hm² （即 5 500kg/亩），与之相比，中国柚类单产在 2006 年之前一直较低，在 10t/hm² 以下，2007 年开始达到 40t/hm² 以上。但从图中可以看出，中国柚类单产与以色列还是有一定差距。

我国柚类形成 3 个中心产区：分别是东南沿海柚产区，包括福建、浙江、中国台湾等地，以琯溪蜜柚、玉环柚、四季柚、晚白柚（中国台湾）为代表品种；华南柚产区，包括广东及广西，以沙田柚及其芽变后代为代表品种；西南及江南柚产区，包括四川、重庆、湖南、贵州、云南、江西、湖北等地，代表品种有金沙柚、金兰柚、桃溪蜜柚、通贤柚、脆香甜柚、五布红心柚、东试早柚、龙都早香柚、龙安柚、真龙柚、垫江白柚、梁平柚、安江香柚、龙回早熟柚、信木柚、马家柚等。其中，福建平和的琯溪蜜柚栽培面积最大，目前平和县种植面积达 65 万亩以上（包括周边地区超过 100 万亩），产量约 120 万 t。广东梅县的沙田柚种植面积约 30 万亩，产量约 35 万 t。广西柳州、容县、昭平县等地的沙田柚种植面积超过 20 万亩，产量约 20 万 t。江西柚中心产区，除吉安的井冈蜜柚外，还有赣州的南康甜柚及上饶的广丰马家柚，南康甜柚现有面积 10 万多亩，产量 9 万 t，广丰马家柚种植面积 13.5 万亩，产量约 2 万 t。

附录二 井冈蜜柚早结丰产及优质安全高效栽培技术案例

案例一

大穴大肥，演绎不变的真理
——安福县欧阳春生栽植井冈蜜柚两年投产

　　如果不是亲眼所见，怎么也难以相信，一根小小的蜜柚苗栽下去两年，第三年的春天已成大树，树冠内膛已有串串花序。家住安福县横龙镇南田村 8 组彭家的欧阳春生，2012 年春栽了 7 亩井冈蜜柚，当时用的是一年生的苗木，2013 年柚树抽完最后一批新梢，树冠已有 1.5~2m 的幅度，见下页图。

　　在 2013 年的春天，我们来到过欧阳春生的果园，当时他一年生的树已有 1m 多高，冠幅有 0.8~1m，许多树偶尔可看到花蕾，一年抽发的新梢有五节，那时就估计，照这样长下去，有两年就会投产，果然在 2014 年的春天，看到了花梢两旺的景象，当年他卖柚的收入达到了 1.8 万元。2015 年他的柚树更是亩产超过 1 500kg。

　　欧阳春生的柚树长势如此之强，强而不旺，梢果和谐，他是怎样做到的呢？对此，我们对欧阳春生进行了详细的询问。

　　其实，欧阳春生以前并不在家务农，他一家人长年在外打工，今年是女儿高考，为照顾女儿才在呆在家里。以前家中责任

图　2012 年春栽一年生苗（摄于 2013 年春）

田交给在家务农的哥哥耕种，哥哥还种了其他人的田，有点忙不过来。近几年蜜柚效益好，2011 年冬，他回家过春节时，哥哥劝他将一处连片 7 亩的耕地栽井冈蜜柚，栽后他还打工，由哥哥帮助管理。就在那年的冬天，欧阳春生请来挖机进行挖穴埋肥，过完春节栽上苗后，他又去打工了。建园的时候，考虑到没有人工和时间去追肥，欧阳春生决定做好两项工作：一是要挖足够大的穴，二是要下足够多的肥。经过反复考虑，欧阳春生认为挖穴不如撩壕，他划线后由挖机挖出一条条宽深各 1m 的壕沟，然后到养鸡场买来了 4 卡车鸡粪，4 卡车谷壳灰，再埋到壕沟里，由挖机填土，边填边拌，不使肥全部埋在底下，做成垄状，用于栽苗。

　　欧阳春生施肥的经验，一是底肥下的足，7 亩地下了 8 卡车约 40m^3 的肥料，二是肥料搭配合理，以肥分高的有机肥，搭配可以松土透气的谷壳灰，三是肥料与土壤充分混合，下完后用挖机拌匀，达到了改土和肥料分布均匀的效果。

我们还询问了欧阳春生的哥哥追肥的情况，他说两年来他并没有怎么认真去追肥，只是新梢抽发时会撒点复合肥，农药是认真打了，每次梢用了两次药，一年约6次药。

纵观许多地方蜜柚建园，施底肥多有不合理的地方，两点表现尤为突出：一是施肥量不足，或仅施一些肥分低的杂草等；二是没有分层下肥，多图方便，放在穴的底部，上面全是生土，既没有起到改土的作用，也没有增加肥力的作用。

欧阳春生挖壕施肥的方法真是值得借鉴。可见蜜柚栽培要速生早产，大穴大肥是不变的真理！

案例二

安福县横龙镇赣鑫果业专业合作社井冈蜜柚精品园栽培技术经验

安福县横龙镇赣鑫果业专业合作社成立于 2010 年 12 月，现有社员 115 户，蜜柚种植面积 5 000 余亩，其中投产面积近 300 亩，产量达 800t。该合作社理事长王伟经营着一个井冈蜜柚精品果园，位于安福县横龙镇东谷村，面积 100 亩，其中，2004 年春栽桃溪蜜柚 30 亩、2011 年春栽金兰柚 60 亩、2013 年春栽红心柚 10 亩。他的 30 亩桃溪蜜柚实现了"三年始果、四年投产、七年丰产"目标，现进入盛产期，近两年亩产稳定在 3 000kg 左右，产值达 15 000 元/亩，60 亩金兰柚园和 10 亩红心柚也已进入挂果期。

柚树是多年生作物，建园质量是早结丰产的基础。该精品园在建园时主要经验是：①合理选择园地，该果园东北高、西南低，地面开阔，果园西面 100m 处有一河流，北面 1km 处有自然高山屏障，果园土层深厚，土质较好，排灌方便，具有一定小气候条件。②全园深翻整地，该园实施机械整地，深度达 80cm 以上，然后按 4m×5m 栽植密度确定栽植点，在定植点挖 50cm 见方定植穴，株施腐熟鸡粪 5kg、钙镁磷和菜籽饼肥各 0.5kg，回填土高于地面 15cm，呈馒头状。时间要求在定植前 2 个月完成。③培育大苗适时定植，在建园前一年，选用健壮优质无病苗木，容器假植集中培育大苗，实行容器大苗定植。定植时间在 2 月下旬至 3 月中旬。④果园实行间作，果园定植后，前二年，柚树还小，留出直径 1m 以上树盘，在树盘外的行间进行间作，第一年间作了西瓜，第二年间作了花生，这样可利用间作物调节柚园气候，改良土壤，减少杂草，同时，以短养长，增加收入。

肥料是丰产的保证，适时、足量供应，是获得丰产、优质果实的前提。该精品园做法是：①幼树追肥，1~3 年生树在三梢前 7 天左右，各追一次速效肥，株施尿素 0.05kg、0.1kg、0.1kg、硫酸钾复合肥 0.10kg、0.15kg、0.20kg，在雨前树盘撒施。②结果树追肥，进入结果后，施肥量视树龄和花量（结果量）定，年追肥 2 次，在 2 月下旬和 7 月中旬，株施硫酸钾复合肥 0.75~1.5kg、生物有机肥 5~7.5kg，树盘撒施垦翻，深度达 15cm 以上。③冬肥早施，在 10 月中下旬机械全园耕翻，耕翻前，株撒施腐熟鸡（猪）粪 25~50kg、硫酸钾 0.5~1.5kg，浇施完全腐熟浸泡的菜枯肥水 50kg 以上（在 6 月按 2.5kg 菜枯加 50kg 水在水池中浸泡 3 个月以上），然后耕翻，深度达 40cm。

修剪是柚树栽培的一项重要措施，适时合理修剪可以使幼树迅速形成早结丰产树冠，提早挂果，成年树可减少养分无效消耗，改善树冠通风透光条件，防止大小年，达到丰产、稳产目的。该精品园做法是：①培育矮干树冠，主要培养低主干、矮树冠、三主枝自然开心形紧凑树冠。即定植时 40~45cm 定干，主干高在 25~30cm、树冠高控制 2 m 之内，三主枝分配合理，每主枝培养分布均匀 2~3 副主枝，并通过抹芽、摘心、拉枝等措施使枝梢分布疏落有致，内膛春梢多而健，通风透光好。②适时合理修剪，初结果树在春梢自剪前抹除树冠中上部外围徒长春梢，看树势与结果量适时适度抹除夏梢，春季修剪主要以疏剪为主，做到"外重内轻、上重下轻"，以培育短壮春梢为主。成年树修剪，也是春季修剪为主，疏剪过密骨干枝、枯枝、病虫枝、短截衰退枝。

病虫害是柚树丰产的主要障碍。该精品园十分重视病虫害防治工作，特别是溃疡病，控制效果很好，主要做法：①冬季做好了清园工作，清除果园杂草、捡除园内病虫枝、残果，喷施石硫合剂。②加强了红蜘蛛、潜叶蛾、锈壁虱、疮痂病等病虫的防治，在病虫发生季节，及时进行田间调查，按时喷药预防。③重视溃疡病的防治，柚树幼年树易感溃疡病，特别是桃溪蜜柚发病较重，幼树以保梢为主，在各次梢萌发后 20、30、50 天左右各喷药一次；结果树以保果为主，在落花后 10、30、50 天左右各喷药一次，主要药物"圣农素 10g + 农用链霉素 15g + 硫酸铜 15g + 水 15kg"喷施。

　　柚树抗冻能力较弱，特别是 1、2 年生幼树，在 −2℃ 以下就会发生冻害，该精品园在选择小气候地段建园、加强栽培管理和提高树势的基础上，采取了一系列防预措施，确保了树体安全过冬，该园柚树从未受冻过，主要做法是：①主干刷白，树盘覆盖，每年在 11 月下旬对树干进行刷白，并用稻草或杂草覆盖树盘，覆盖厚度 10cm。②适时喷施叶面肥，提高树体抗冻性，每年在 10 月中下旬，各喷一次叶面肥，来提高树体抗冻性。

案例三

安福县贺国振井冈蜜柚省力化栽培经验总结

贺国振家住安福县严田镇青桥村一个叫"望岭"的自然村中。今年59岁的他独自经营着近50亩的果园，其中井冈蜜柚的面积有40亩。

图1　贺国振2008栽的金兰柚（摄于2013年9月）

贺国振种果树有他独特的经验。他建园不搞大穴大肥，追肥全部撒施，基本上不动锄头，但他家的果树长势非常好，能做到两年开花，三年始果，四年投产，五年丰收。他2008年种的几十株金兰柚已进入丰产期（图1），干粗平均有8cm以上，单株结果达100余个，2012—2013年的卖柚收入都在4万元以上。2011年他将原先种的琯溪蜜柚高接换种成金兰柚，2012年春又扩种了30亩蜜柚，2015年他的蜜柚产量达到25t，产值近20万元。同村的罗启明看到贺国振种柚赚钱，2010年在贺国振的指导下种了120株蜜柚（图2），2013年产柚近2 500kg，收成达

1.7万多元。在贺国振的带动下，望岭村32户农户全部开始栽种金兰柚，2013年春栽了800多株，2014年春栽了2 500多株（图3）。

图2 罗启明的金兰柚园，栽于2010年
（摄于2013年9月）

图3 望岭自然村在贺国振的带动下发展"老乡工程"，
栽于2013年春（摄于2014年春）

作者多次到贺国振的蜜柚园调查，把他的种柚经验总结为省力化栽培。

一、贺国振省力化栽培的主要做法

（1）低成本建园。贺国振的果园原都是荒芜多年的梯田，长满了芦苇、杂灌。他将芦苇、杂灌砍伐后，用挖机进行深翻埋肥，然后直接定点栽苗，没有下任何底肥。建园成本主要是挖机费，每亩不到600元。

（2）撒施法追肥。据贺国振介绍，因为没有下底肥，他的树全靠追化肥，为省工，他的肥料全部是撒施。幼树生长季的3—8月，每月撒施一次化肥，以复合肥为主，如果土质较差则尿素与复合肥各占一半，一般每次梢施两次肥，芽前一次，新梢自剪后再施一次。建园第一年，第一次追肥要在柚苗定植20天后，在小雨天每株撒施三元素复合肥约50g，定植第2～3年，第1次肥要在萌芽前的2月下旬施。第1年的施肥量要小，每次不超过100g。第2年每次追肥量增加到100～150g。进入第3年后，追肥次数改为3～4次，春梢两次，夏梢、秋梢各一次，春追肥量增加到150～200g。撒施时离树干20～40cm，撒施面要宽而均匀。成年树每年追肥2次，每次2～2.5kg/株，第1次在萌芽前施，第2次在第1次生理落果后施。

（3）叶面补充微量元素。结合防病灭虫，每次在药液中加入营养液，补充硼、锌、铁、镁、钙等元素。幼树每次新梢喷药两次，一年补充氮磷钾以外的元素6次，做到树体不缺素。喷叶面肥时，为防烧叶，他喷的浓度一般较低，只有0.1%，他认为这样即使有时温度高些也不会担心烧叶。

（4）喷防冻液越冬。贺国振认为树冠覆盖防冻花费很大，不好操作。他的柚树没有搞过覆盖，但防冻工作还是做了，一是幼树及时摘除晚秋梢，二是入冬后，第1～2年的树进行培土壅莞，三是入冬后树冠喷施两次"天达 2116 防冻液"，大树只喷防冻液，采取这些措施后他的树没有发生严重的冻害，遇大霜也只是轻度冻害，小树生长、大树产量都影响不大。

（5）适度控制杂草。贺国振的果园并没有因为撒施肥料造成杂草丛生。他每年用除草剂除草 2～3 次。一般是春季一次，秋季一次，有时夏季加一次。每次都在杂草结籽前进行。有时有的草先开花结籽，有的还没有开花，就采取挑打的方法将先开花的除去。除草剂主要是灭生性的除草剂，如 40% 的草甘膦粉剂、百草枯，不用含量低、杂质多的 10% 的草甘膦水剂。

（6）抹芽放梢防潜叶蛾。据贺国振反映，他的柚树夏梢、秋梢抽发还整齐，夏季梢各喷两次药后，就能较好地控制潜叶蛾的为害。如果不整齐则将零星抽发的新梢抹除，等大多数芽萌发后集中喷药。

（7）花果调节。只在第二次生理落果结束后，对结果太多的树，摘去部分小果，对长速明显跟不上的小果全部摘除，前期果实还小时不进行疏花疏果，以节省人力。

二、贺国振省力化栽培取得成功的原因分析

（1）疏松肥沃的土壤条件。贺国振家所在的望岭自然村，地处山腰一平缓地带，人们依山而居，村庄周围都是平缓的梯田。贺国振的果园都是原先荒弃的水稻田，都是熟化的土壤。由于梯田以上是高而陡的山，梯田的土壤有可能是高山上的表土冲刷下来层积而成，土壤含砂量较多，较疏松透气，经多年耕作后，土壤有机质高，因此不下底肥，蜜柚树也能生长良好。贺国振简单采用撒施，也与土壤的疏松有关，因为土壤不板结，撒施在树盘下的肥料在雨水的溶解下能较快渗入土中被根系吸收。板结的土壤雨水不易渗透，地表径流大，肥分流失多。

（2）得天独厚的小气候环境。望岭虽坐南朝北，但后面的

高山海拔高达800m，而贺国振的果园处于海拔200~250m的范围，这个范围有可能正处于山腰逆温层内，在霜冻天气下，蜜柚刚好可以避开低温的为害。因此贺国振不需要为防冻投入大量的资金。

三、贺国振栽培经验的不足之处

（1）不施底肥会导致果园管理难度的增加。由于没有施底肥，可能会造成树体营养的不足，如果不强化追肥，树体长势就会弱，树体的抗逆能力降低，易遭受病害、冻害、干旱的影响。由于底肥以有机肥为主，有机肥养分全面，化肥常只有氮、磷、钾三要素，长期依靠化肥，会导致树体的缺素，同时会导致土壤质地的破坏。

（2）单纯撒施化肥造成浪费。肥料撒于地面，雨天由于地表径流会造成肥分的流失，雨越大流失越多，晴天则不易溶解，根系不易吸收。撒施化肥还与各要素肥料的特性不符，磷肥移动性小，要求适度深施，钾肥易被土壤吸附，也要求施一定的深度，而撒施全部施于地面，肥料的利用率必然大大降低。

（3）成年树追肥缺乏科学依据。一是追肥的时期还不符合树体生长与结果的要求。除萌芽肥施的时间合乎要求外，五月保果肥一般因树而施，如果肥过多，可能促发夏梢造成落果。壮果肥和采果肥对产量和树势有很大影响，但这两次重要的肥贺国振都没有施。二是三要素养分的比例没有区别，一般氮素要求多一些，其次是钾，磷肥要求相对少些，大概是一个1：0.6：0.8的比例，而单纯施复合肥，三要素的比例是一样的，因此应在施45%的等比例复合肥时适当增加氮肥的用量。

四、贺国振栽培经验的启示

我们将贺国振的种柚方法告诉大家，并不是主张无条件地照搬他的做法，而是希望通过介绍不同的蜜柚栽培方式，给大家一定的启示。由于气候、土壤、地形、品种等因素的不同，井冈蜜柚的栽培方法也应灵活变通。与其他大多数果树品种一样，蜜柚建园也要求大穴、大肥、大苗，但这"三大"要求意味着较高的成本。果树投产迟，市场风险较大，降低成本是降低风险的有效手段之一，随着生产资料和劳动力成本的不断上涨，贺国振的一些做法具有一定的借鉴作用。

（1）土质疏松肥沃的地方进行小穴定植可大幅度降低成本。小穴栽植在国外也有成功的范例，如澳大利亚就推行过小穴栽植，栽时只根据根系的大小，挖一小洞，强调不打乱土壤层次，栽植后也不进行深耕扩穴改土，只种草以增加土壤有机质，树体所需营养靠施用长效颗粒化肥来补充。澳大利亚还在我国湖南零陵采取这样的方法援建过 $20hm^2$ 的柑橘园并取得成功。同时必须认识到，在红壤丘陵地带等土壤贫瘠的地方，必须最少挖 $1m^3$ 的定植穴或撩宽、深各 $1m$ 的壕沟，并放入足量底肥，否则土壤养分缺乏，长出来的树必然是小老树，不能投产。

（2）幼树管理必须加强追肥。贺国振在幼树期间，每次新稍抽发前后都追一次肥，而且追肥的量大。所以他的树每次新稍抽发都多而整齐。化肥撒施可以做到施的面积大，不易发生肥害，即使在定植的第一年根系还没有完全恢复的时候。许多地方在定植当年的追肥中，全园挑水淋肥要大量的人力，花费很高。采取条沟施则肥料放得比较集中，容易产生肥害。肥料撒施容易流失，但如果撒施后再用锄头中耕一下，将肥拌入土中，则能减少肥分流失，提高肥效。

（3）柚树生长过程中要注重微量元素的补充。通过叶面施肥补充微量元素对培养健壮树势非常重要。贺国振的蜜柚园虽只施三要素化肥，但经常叶面补充微肥，所以他的树叶片大而厚，没有花叶等症状。

案例四

井冈蜜柚绿峡里
——峡江县金源果业专业合作社发展记

峡江金源果业专业合作社，成立于2012年12月，以"公司＋农户"的模式运行，36户农户加入了该合作社，投入了启动资金40万元，主要从事井冈蜜柚种植，2013年种植井冈蜜柚面积近300亩，成活成园率达98%以上，2014年继续开发井冈蜜柚面积400余亩，为峡江县历年来发展井冈蜜柚面积最大，栽培成活率最高的合作社之一。

一、虚心学习，真心取经

2012年10月初，峡里村干部、党员与个体老板等人自行组织前往吉水实地考察种植井冈蜜柚的"致富经"，感触颇深，然后又多批次组织村民到吉水、青原等井冈蜜柚产业发展先进县参观，了解柚果行情，学习掌握栽培管理与防寒抗冻等关键技术。在吉水的白水镇，亲口品尝着香甜柚果，看到王明根"30亩柚树年收入90万元"，坑里村沸腾了，"致富树"稳稳在村民心中播下了种，生下了根。

二、勇于创新，真干实干

该村通过集体研究讨论决定了井冈蜜柚产业发展投资计划，要种就要规模，干脆集中连片建果业基地，当即成立金源果业专业合作社，以阮尊通等4名村干部及能人担任理事，以"公司＋农户"的模式操作，由合作社统一解决土地流转、管理、销售等问题，村民不用投入，只需将自己的山地转换成股份，收益后直接享受30%的分红。山地流转大户边斌曾算过一笔账：

自家土地入股 21 亩，如不出意外，第四年就能分红 1.8 万余元，遇丰收年，年分红将近 20 万元。"不用投入现金，能有这么高的利润，何乐而不为，当然，还没有包括平时在果园做农活的工资收入。"边斌自信地说。如此全村 33 户村民都成了股东，首批共集中流转山地 280 余亩，入股连心，几百亩的果园七岭八坡，虽然就在村民房前屋后，但一年多来未见一起人畜损害柚树事件。

三、分工明确，管理科学

4 位理事牵头人分工明确，有人项目开发、政策支持、科技联系等，有人负责果园管理，施肥、喷药、抗旱、修剪、防冻等具体措施的落实。从决定办社，到定好山场，要干就干好，高标准整地、撩壕、挖穴，基肥包括石灰、塘泥、稻草、磷肥等。每个山头上都建了水池，全园接通了自来水。科学的管理，达到了近百分百的成活率，一年成园的良好效果。

四、基地榜样，带头示范

瞧着峡里村民在原本寂静的山头热热闹闹地忙碌着，山上的柚树一棵棵茁壮成长起来，坑里相邻的村民坐不住了，也要来入股，2014 年合作社新开发柚园 400 余亩，同时带动罗田镇全镇开发井冈蜜柚面积近千亩，老乡工程 600 多户，形成了峡江特有的罗田井冈蜜柚蓬勃发展之势。

案例五

峡江县马埠镇曾安村白沙组"千村万户老乡工程"典型案例介绍

　　白沙村小组位于马埠镇至曾安村委公路线上，距马埠镇5km，交通便利。该村有农户45户，人口181人，耕地面积303亩。

　　白沙村民是湖南湘乡石府庙水库库区移民，1969年落户白沙村，当时只有16户，81人。该村经过几辈人几十年的艰苦奋斗，村经济、村容村貌、村民生产生活起了翻天覆地的变化，各方面都有很大的提升。2013年8月，该村结合美丽乡村建设，实施"井冈蜜柚富民产业千村万户老乡工程"建设，村组请来一台挖机，在白沙村民的房前屋后、村路两旁、休闲广场四周等地，按井冈蜜柚技术标准挖穴1 386个，并按技术要求埋肥、覆土。同年10月，村小组又统一购买2年生营养钵苗栽种，柚树成活率很高，长势良好。

　　为了使井冈蜜柚栽后能成活，长的大，有效益，该村组将这1 386棵井冈蜜柚无偿分给全村45户农户，实行谁管理，谁受益，责任到户，包括柚树施肥、打药、修剪等管理。

　　看着满村郁郁葱葱，长势十分喜人的柚树，村长彭清泉信心满满地说："不出5年，我们白沙村就可以成为'春季柚花飘香，秋季柚果压弯枝条'的井冈蜜柚村了。"

附录三　媒体宣传报道

井冈处处蜜柚香

（原载于《农民日报》2012年12月22日01版）

作者　孙林　文洪英　冯克

作为革命老区，江西吉安和很多老区一样，在改革开放的大潮中，奋起直追，尤其是2012年6月28日《国务院关于支持赣南等原中央苏区振兴发展的若干意见》正式出台，明确提出在吉安建设国家现代农业示范区，更是机遇空前。

吉安市委书记王萍说："2020年吉安要全面实现小康关键在于占人口60%的农民。要借国家支持建设现代农业示范区的东风，加快推进农业现代化进程，大力发展农业特色产业，发挥产业富民的推动作用，为增强老区'造血'功能、实现群众真正脱贫致富奠定扎实的基础。"

巍巍井冈，蜜柚成林。初冬季节，记者踏访这片红色土地，看到庐陵大地处处呈现特色农业开发建园的火热场景，发现吉安一直在探索依靠特色农业撬动富民强市的杠杆。特别从2009年开始，以桃溪蜜柚、沙田柚、金沙柚为主导品种，全市掀起"井冈蜜柚"的开发热潮，从房前屋后栽到荒山野岭，从三五亩地扩大到万亩柚林。目前，全市蜜柚总面积达8.65万亩，现有百亩以上基地百余个，千亩以上基地20余个，在建万亩基地8

个，今冬全市已高标准开发出 6.5 万亩土地用于种植井冈蜜柚。

扫清"谈柚色变"的心理障碍，蜜柚产业不再是老虎屁股摸不得——

在坚持中求识，以柚强农，包袱也能变财富

20 世纪 90 年代，骑着一辆摩托、驮着两个箩筐贩卖柚子的王明根，绝对想不到 20 年后他成了拥有 30 亩柚园的农场主。"能够有今天，第一就靠坚持。"在吉水县白水镇垦殖场绿油油的柚子园里，王明根一边热情地剥开硕大的柚子，一边跟记者回忆起当年在吉安市步行街沿街叫卖蜜柚的情景。

2011 年，王明根的 1 031 棵柚子树纯利润60 万元。"今年地头价卖到了 5 元/kg 还供不应求，多收 20 万元一点问题没有。"王明根喜滋滋地说，当初正是市场的充分认可坚定了他种柚致富的信心。2004 年，他一口气承包了白水镇垦殖场几近荒废的 30余亩柚园，一举成为远近闻名的"蜜柚大王"。

与此同时，整个吉安果业还在为选择什么主导品种而苦恼，直到 2008 年，时任主管农业副市长的郭庆亮来到王明根的柚园。

与中国很多农业大市一样，吉安人多地少的矛盾非常突出，耕地产出率低，农民增收致富困难。

上天在关上一扇门时，必定为你打开一扇窗。地处典型中亚热带湿润季风区的吉安，雨量充沛，无霜期长，适宜绝大部分柑橘类果树的栽培。如今提起江西果业，赣南脐橙和南丰蜜橘闻名天下，其实，出产于新干县的三湖红橘曾名噪一时，20 世纪 50年代还出口苏联换取飞机大炮。直到 20 世纪 80 年代初期，吉安果业无论面积还是产量仍在江西居于榜首。

可极端天气的不时造访，柑橘市场的剧烈波动，让吉安果业的发展历程充满坎坷。特别是 20 世纪 90 年代两次罕见的大冻害，让主导品种三湖红橘几乎全军覆没，吉安果业从此一蹶

不振。

从那时起，重振果业成为吉安人的不懈追求。1999年，个头大、产量高、味道好、市场反映不俗的福建平和琯溪蜜柚进入吉安决策者的视野。但因为当年发生极端天气，从相对温暖的福建引来的七八万亩柚苗抗冻性较差，几乎全被冻死，几千万元的投入打了水漂，吉安上下从此"谈柚色变"，背上了沉重的心理包袱。

当郭庆亮在考察中无意间发现王明根这30亩蜜柚的时候，恰巧当年也发生了罕见的冰冻灾害。王明根的柚子由于抗灾措施及时有效躲过了灾害的侵袭，收成并未受影响。这让郭庆亮动了心：只要选育适合当地气候、本身就比较耐寒的品种，蜜柚产业并不是"老虎屁股摸不得"。

经过调研，郭庆亮发现，吉安全市山地、丘陵占总面积70%以上，拥有20°以下的适宜种植蜜柚的低丘缓坡地170万亩以上。这些地方不适宜种植水稻等粮食作物，一直以来很多坡地都被荒废了。通过市场调查，郭庆亮还发现，蜜柚具有良好的保健价值，市场前景可观。同时它又具有喜温怕寒的特点，在中国适宜栽种的地域范围相对要窄，而吉安大部分地区正处于蜜柚最适宜栽培区。

现在已经是吉安市委常委的郭庆亮回忆说："当时我就想，如果把这些荒坡利用起来种蜜柚，一方面调整了农业结构，促进了农民增收；另一方面，有效地利用了山地资源，正好一举两得。"

一心想要推广蜜柚的郭庆亮还给它们起了个响亮的名字"井冈蜜柚"。可令他没有想到的是，要打破人们心中根深蒂固的心理包袱谈何容易，发展蜜柚产业的设想在当时应者寥寥。

执着于蜜柚产业的郭庆亮并未放弃，他铆足了劲，大会小会上谈柚子，支持相关部门向上争取政策资金，向下寻找王明根这样靠种柚致富的果农作为典型示范。在他的坚持下，吉安上下逐渐达成了共识，在市委市政府的认同和支持下，包袱有了变成财富的机会。

2009年，井冈蜜柚被列为吉安果业主导产业。2010年，市委市政府出台了关于加快推进井冈蜜柚产业发展的意见，大力实施井冈蜜柚"百千万"示范工程建设，先后争取6县（区）列入中央财政支持现代农业（柑橘）项目，扶持资金2 100万元，有力推动了吉安蜜柚产业的发展。

白水镇党委书记黄小清告诉记者，在王明根的带动下，镇里有很多人都种起了柚子，明年就能达到1万亩的种植面积。如今，山地的流转费用已从不足20元每亩上涨到60元甚至更高，还有不少外出打工的农民准备返乡种柚。

家有一亩柚，就是万元户；家有十亩柚，小康不用愁——

在坚持中求惠，以柚富民，后发也能成优势

按照《吉安市2011—2014年井冈蜜柚产业发展规划》，至2014年，全市新发展井冈蜜柚面积要达到30万亩以上，成为全省乃至全国蜜柚重要产区，使井冈蜜柚产业成为促进农村经济发展和农民增收的一大特色支柱产业。

作为粮食大市，大规模发展蜜柚种植是否存在与粮争地？市农业局副局长、调研员曾繁富说："吉安450万亩耕地每年产出近400万t粮食，为国家粮食安全作出自己的贡献。全市现有170多万亩低丘缓坡以及低效残次林可开发种柚，完全可以在不占用一亩良田的情况下，让老区人民依靠特色农业富裕起来。"

郭庆亮有句话挂在嘴边："家有一亩柚，就是万元户；家有十亩柚，小康不用愁。""你就拿蜜柚和蜜橘相比，蜜柚挂果后平均亩产3 300kg，每千克价格按5元市场价计算，亩产值1.65万元，除去成本2 000元，亩纯收入就有1.45万元，是橘子亩纯收入的 5 倍以上。而且蜜柚投劳不多，采摘方便，病虫害少，易储藏运输。"

当记者在安福县横龙镇东谷村见到果农王伟的时候，他和工人正在整理砍掉的油桃枝干。"蜜柚效益越来越好了，我这 15 亩油桃马上就要改种蜜柚了。"王伟说，从 2004 年开始，看到蜜柚良好的市场前景，很多果农逐步把种植品种转成蜜柚。安福县委常委、农工部部长卢秋如说，政府只需要用政策加以引导和鼓励，至于农民种什么怎么种，还是让农民自己选择。

如何从政策上加以引导？首先要真金白银的投入。市果业局局长曾平章说，吉安一方面争取到现代化农业项目资金支持，为新开发的果农每亩补贴 300 元；从 2009 年起，市财政连续 3 年设立井冈蜜柚专项资金，今年将超过 210 万元，各县市区也拿出相应的扶持政策。

同时，市委市政府和各县（市区）都成立了井冈蜜柚产业发展领导小组，市政府还与各县（市区）政府签订了蜜柚产业目标责任书，特别是今年在市里农业产业化目标管理考核 10 分里面，井冈蜜柚产业就占了 5 分。

"赣南脐橙、平和蜜柚等产业能够成功，不是一朝一夕，也经历过波折和反复。井冈蜜柚 2010 年才被纳入全省果业'十二五'规划重点布局产业，但通过借鉴先行者的成功经验和失利教训，后发也能变成优势。"郭庆亮说。

为避免重蹈覆辙，耐寒品种的选育非常重要。在新干县三湖镇，记者见到了 80 多岁高龄的技术员廖炳生，虽然他退休前工作的新干县柑橘科研所前几年机构改革时解散了，但让廖老骄傲的是井冈蜜柚 3 个主打品种中的两个都诞生于此。

县果业局高级农艺师廖学林介绍说，新干县位于柑橘种植带的北缘地带，在这里选育出来的种苗，拿到吉安其他相对靠南的县市区种植，抵抗冰冻灾害的能力就会更强一些。

1959 年，刘在政、黄香兰和廖炳生等老一辈科技人员发现，从广西引进的沙田柚水分少但口感甜，比较耐寒，而从广东引进的金兰柚水分大但是不耐寒，他们将两者进行杂交，培育出了适宜吉安种植的新品种金沙柚。20 世纪 90 年代中后期，科技人员又在沙田柚的变种中选育了特别早熟的桃溪蜜柚。

于是，在吉安市主推的 3 个蜜柚品种中，形成了 9 月中旬以桃溪蜜柚为主的特早型，10 月上旬以金沙柚为主的早熟型，11 月中旬以沙田柚为主的中熟型，既拉开了上市期，又延长了柚果鲜果的货架期，可以满足中秋、国庆、元旦和春节市场需求，增加了整个井冈蜜柚的经济效益。

赣南脐橙、平和蜜柚也都曾经遭遇过销售寒潮，导致果农丰产不丰收，吉安超前重视井冈蜜柚的市场营销工作。为了提高市场占有率，吉安从井冈蜜柚诞生之日起就重视品牌建设，市委副秘书长吴斌介绍说，吉安排除各种困难今年注册了井冈山牌商标，并向全国征集了井冈蜜柚统一标识和包装箱设计。同时，积极开展"驰名商标""绿色食品""地理标志产品"等创建和认证工作。

在大力发展井冈蜜柚的同时，吉安还在绿色蔬菜、高产油茶、花卉苗木、楠木等产业上下足了功夫。"这些产业都是经过长期探索和实践，用十年磨一剑的精神摸索出来的，产业价值高，经济效益好。"市委书记王萍说，目的只有一个，就是要调优农业产业结构，找到一条让农民长效增收的路径，让老区农民依靠特色农业尽快富裕起来。

从"要你干"变成"我带着你干"，最后变成"不让你干你着急"——

在坚持中求进，以柚美村，星火也可以燎原
2012 年，靠种柑橘起家的安福县横龙镇盘形村"80 后"果农罗波波，在寮塘乡东岸村又流转了 100 亩坡地："现在正逐步缩小橘子的面积，因为蜜柚需要四到五年才能挂果，不能一步更换到位，要'以橘养柚'，等现在种的蜜柚进入稳产期，就可以全部更换了。"

刚刚牵头成立合作社的罗波波，2010 年 11 月就曾带着蜜柚样品到山东威海、寿光等知名水果集散地找销路，打品牌，还注册了"阿波萝生态园"网站，专门介绍安福县的柚子。

像罗波波这样有眼光有魄力，特别是有经济基础的果农毕竟是少数。安福县果业局局长尹峰说，目前仅依靠财政扶持，只能停留在种苗的补助，相比 5 年的产出周期来说，扶持作用有限。因此，必须发挥种植大户和龙头企业的作用带动农民踊跃投入、广泛种植、合作经营。

东谷村的王伟也牵头成立了赣鑫果业专业合作社，短短两年已经扩大到 200 多户 2 000 多亩蜜柚。虽然自己的收成会有所影响，但王伟每年都要从自己的果树上大量取枝条，来满足全县特别是合作社新加入社员对苗木的需求。

据市果业局统计，目前，吉安全市兴建柚园面积 100 亩以上的大户有 125 家，1 000 亩以上的大户有 12 家。靠着这些大户的示范和带动，井冈蜜柚的星星之火逐渐形成燎原之势。

市果业局副局长曾友平说："在主体培育上，吉安坚持引进龙头企业和发展本土产业大户相结合的办法。通过农业招商，以工业的理念抓农业，实现项目化管理，培育形成一批特色产业开发龙头企业。"

在青原区吉富农业开发有限公司打造的猫儿下水库万亩井冈蜜柚基地，记者见到一直在建筑行业淘金的老板尹明捍。作为搞房地产开发的老板，不"种"房子种柚子，尹明捍快人快语："商人就是要获得最大利益。如今建筑业竞争激烈风险加大，而人们对健康食品特别是高品质水果的需求不断提高，井冈蜜柚刚刚起步，市场前景看好，同时还能让荒山残林变废为宝，利国利民利己，这样的投资我认为是正确的。"除了蜜柚种植，基地还建了大型养鸡场、养猪场和上千亩水库，朝着建设集蜜柚生产、蛋禽养殖、观光娱乐休闲为一体的万亩现代农业生态示范基地努力。

2012年4月，吉安市政协井冈蜜柚产业调研组撰写的《关于鼓励利用民资加快井冈蜜柚产业发展的调研报告》提出，考虑到发展蜜柚产业前期投入大，广大农民缺乏启动资金，而目前绝大多数民资还没有踊跃参与的情况下，政府应该进一步出台政策，激励机关、企事业单位领导干部大胆领办、联办蜜柚园。

如今，一些思维超前的干部已经在行动，不仅带着农民干，还干给农民看。青原区农业局局长孙水莲就是其中之一。2008年起，她就在富滩镇丹村承包了150亩山地进行蜜柚开发。利用多年来学习农业技术、从事农业管理工作等优势，她还在基地内建了一个年出栏1 000头猪的养殖场，实现猪沼果的生态开发模式。孙水莲告诉记者，她摸索的一套井冈蜜柚标准化栽培技术已在全区推广，带动周边和全区种植蜜柚2.7万亩，解决了全区500多农民的就业，年培训农民1 000余人次。

青原区区委书记程以金说："我们鼓励干部领种就是为了从'要你干'变成'我带着你干'，最后变成'不让你干你着急'，通过典型引导、示范带动，确保每户成园、每村成片、乡成规模、区成基地，推动井冈蜜柚产业发展。"

穿行在吉水县的丘陵缓坡之间，成片的柚园郁郁葱葱，还有不少农民在自家房前屋后的空地上也种下了柚苗。县长袁守旺说，我们准备将井冈蜜柚纳入市委市政府倡导的美丽乡村建设、造林绿化景观工程，甚至在各城区街道、公园栽种蜜柚，真正体现"井冈处处飘柚香"。

吉安市从今年起提出充分利用赣粤、泰井高速公路沿线和吉泰走廊内的荒山荒坡、稀疏残次林地，根据不同地形、地貌、地质条件，因地制宜，有重点地布局建设井冈蜜柚等农业示范基地，以产业富民，以产业美村。市委书记王萍说："美丽乡村建设和农业产业发展之间有着相互依存的关系，美丽乡村建设必须以发展农村经济、发展农业产业为根本。"

"党的十八大报告首次将生态文明列入经济社会五位一体发展战略。其实，发展蜜柚产业本身也是对乡村的生态美化工程。"郭庆亮说，比如泰和县南溪乡南源村，在大广和井泰高速的交会处有近万亩的缓坡，以前全都是荒草，南来北往人都看在眼里。今年，南溪乡团委书记、农经站站长带领果农在这里开发蜜柚2 000亩。到了明年开春，柚苗种下去，荒坡变成果园，贫地披绿装，既有经济效益，更有生态效益。

记者近日在上海第八届江西名优新特农产品展销会上了解到，井冈蜜柚在展销会上好评如潮，受到上海市民的青睐，带去的产品开馆当天就抢购一空，更加坚定了吉安市委、市政府加大推广以井冈蜜柚为主的特色产业的信心。

在坚持中求识、在坚持中求惠、在坚持中求进，井冈蜜柚已经成为"井冈山"品牌系列中的耀眼新星。沿着井冈蜜柚产业的成长轨迹一路行来，记者真切感受到"井冈山精神"在吉安农业特色产业发展过程中的延续和发扬，有理由相信，吉安以农业特色产业的快速发展引领老区振兴崛起的多重效应必将日益彰显。

"井冈蜜柚"的小康攻略

——江西吉安"千村万户老乡工程"建设纪实

（原载于《农民日报》2014年2月11日01版）

作者　吕明宜　文洪英　刘艳涛

"星星之火，可以燎原"。20世纪30年代江西省吉安市井冈山孕育的革命火种，深深地印在国人心中。

如今，对于吉安老区百姓来说，"井冈"又有了一份新的使命。承载着全面小康梦想、一种以"井冈"命名的当地柚子——"井冈蜜柚"，正在以星火燎原的气魄"攻占"人们的味蕾和心头。

"井冈蜜柚"肩负这一重任，经过了一个艰难的、理性的、长期的选择过程。直至2010年，按照江西省"南橘、北梨、中柚"的柑橘产业战略布局，吉安市以"百千万工程"为主要抓手，以"井冈蜜柚"品牌为引领，开始在赣中地区全面推进蜜柚产业规模化、标准化、品牌化和产业化发展，并逐步成为主导产业。老区百姓全面小康的道路愈发清晰。

"小康不小康，关键看老乡。"吉安市委书记王萍对记者说，习近平总书记的这句话点出了农民占总人口60%、人均收入只有7 100多元的吉安实现全面小康之关键。吉安不要平均数的数字小康，而是要老乡们实实在在的全面小康。在蜜柚产业发展中，不仅要有几个体面的大企业、大基地，关键要让老乡们普遍受益，共同富裕。

于是，作为"井冈蜜柚"产业的重大升级和扩展，充分体现吉安市委、市政府百姓情怀和现代产业理念的"千村万户老乡工程"迅速席卷庐陵大地。

是否小康，得看老乡——

有"账"可算的老乡工程

冬日的吉安乡村依然郁郁葱葱，老乡们都忙碌着，没有一点农闲的味道。

在吉水县白水镇，记者注意到老乡的房前屋后、道路两旁的空闲地上，处处可见1m见方的坑。在白水垦殖场三分场，村民杨冬苟正在将收集的农家肥放到坑中。

杨冬苟告诉记者，这些都是要种井冈蜜柚的。按照政府的倡导，老乡们利用房前屋后的空闲地、荒坡荒地、自有林地种植井冈蜜柚。政府给每户无偿提供20株以上苗木。记者顺着杨冬苟手指的方向望去，村头的荒坡上也都在准备种柚树。

在吉安乡村这样的场景比比皆是。按照"老乡工程"的规划，从2014年起，政府会每年扶持5万农户种柚，到2020年，全市农户种植井冈蜜柚800万株以上，惠及40万农户，超过半数的农户每家有20株以上。自古以来，吉安老乡就有在房前屋后种柚的习惯。柚果又称"团圆果"，是很多南方百姓中秋节必备的佳果。老乡们都说，以前一家有两棵柚子树，老人家都不用儿女养了。

"'老乡工程'是在蜜柚产业迅速发展中，顺应老乡们的意愿，由政府进行统筹规划而提出的。"吉安市市长胡世忠说，从开始的大户示范带动、联户经营，到现在的小户铺开，蜜柚产业的发展思路不断完善。对于"老乡工程"的决策，吉安是算过账的。

像其他欠发达地区一样，吉安实现全面小康的难点、重点在农村。吉安农民以种两季水稻为主，每亩平均收入在600元左右。在可预见的时间里，工资性收入不可能有超常规的增长。多年来，在确保粮食生产的基础上，吉安一直寻找依靠高效特色农业撬动富民强市的杠杆。现有的传统产业难以带动更多农户致富，更难以承担农民收入倍增的重任。

在经历多年的产业探索及比较选择中，以三个地方优良蜜柚品种为主的蜜柚产业进入决策者的视线。吉安原本是江西柑橘类果树栽培主产区。新中国成立之前，就在吉安的新干县成立了江西省柑橘研究所，20 世纪 90 年代以前，吉安柑橘类面积和产量多年居全省第一位。后来，因为自然灾害以及产业路线等问题，吉安走了很多弯路，而今已远远落后于赣州、抚州。特别是在蜜柚种植上，吉安是我国不多的适宜种植区域。目前，全国蜜柚种植面积仅占柑橘类总面积的 5%，发展空间巨大。

吉安瞄准蜜柚产业，出台一系列蜜柚产业支持政策，投入大量人力物力财力，实施"百千万工程"，选择交通便利、小气候优越、土壤肥沃、水源条件较好的地段，集中连片建设一批百亩以上的示范基地、千亩以上的示范片、万亩以上的示范带。

吉水县白水垦殖场的承包户王明根最先尝到了种蜜柚的甜头。他的 30 亩成年柚在正常年景，每亩纯收入在万元以上。王明根说，蜜柚投劳不多，采摘方便，易贮藏运输。

蜜柚栽植 4 ~ 5 年可投产，第八至九年进入盛果期，盛果期至少可维持 20 年。

吉安蜜柚产业逐渐成为全市最具特色和最具竞争力的农业主导产业，被作为农业结构调整、农民脱贫致富奔小康的突破口。

然而，不是所有农民都可以像王明根一样，可以种几十亩、上百亩的蜜柚。吉安市委、市政府认为，必须要让更多的农民搭上这趟驶向全面小康的致富列车。于是，"千村万户老乡工程"与"百千万工程"一起，成为井冈蜜柚产业的两大载体。

在万安县潞田镇仓富村记者看到，老乡们利用空闲地种植蜜柚，全村已经种植近万株。吉安市委常委郭庆亮给记者算一笔账："蜜柚只要每千克卖到 1.6 元钱，农民就赚钱了，何况市场前景绝不仅仅如此。按今年每千克 10 元的价格，一棵树可收入 2 000元，20 棵树就是 4 万元。到2020 年，实现人均收入倍增目标是没问题的。"

百姓情怀，科学引导——

有"章"可循的"老乡工程"

"老乡工程"一经提出就有不同声音。有人认为这是形象工程，有人认为种植过于分散，不符合现代产业规律……

的确，这项工程涉及 40 多万农户，要确保种一棵活一棵，种一块成一块，再加上后续产业服务，涉及面广，工作量极大。这对政府的执政能力是个很大考验。

郭庆亮说，一开始吉安就把"老乡工程"作为"书记工程"来抓。市委书记王萍带头把这项事业作为各级领导干部执政为民、百姓情怀的惠民工程来推动。县、乡两级成立工程实施小组，负责制定具体工作方案，按时间节点组织实施，确保这一富民产业真正落地。

各个县区将任务分解落实到乡镇、村组，每一村每一户都落实技术人员，进行全过程跟踪服务，做到高标准栽植、精细化管理。在地块选择、整地挖穴、基肥准备、复穴回填、苗木定植及栽后管理等每个环节和时间点，都有明确具体要求。

万安县高坡镇农民鲁晓英利用废弃地种了 93 棵柚子树，政府提供免费苗木。记者在绿丰果业开发专业合作社种柚技术培训班上见到了她。她告诉记者，周围几个村的老乡都来合作社参加免费培训。合作社在整地、定植、管理等环节都制定技术标准，确保柚农有章可循，蜜柚的质量也有了保证。合作社统一生产标准、包装，并利用自己的销售渠道，与农户签订代销合同，解决了鲁晓英们最为担心的销售问题。去年，鲁晓英卖柚子收入了 2 万多元。

在"老乡工程"推进中，美丽乡村建设点和扶贫攻坚帮扶点往往被作为示范点来抓。在吉安县江南村，记者看到一片由撂荒地开发出来的300亩蜜柚林，成为当地产业扶贫的典型代表。在岭肖村，由40栋农村废弃房屋整理出的土地，每户分了2亩，全部种植蜜柚。春季，村村柚花香；秋季，累累硕果，很多城里人都来游玩。江西省委书记强卫在全省新一轮扶贫攻坚大会上充分肯定吉安通过"千村万户老乡工程"带动贫困人口脱贫致富的做法。

吉安县委书记刘洪认为，老乡工程之所以"站得住"，就是因为它不是简单地种树，而是将产业发展与新农村建设、扶贫开发等有机结合，向撂荒地、空心村、荒山荒坡、残次林要土地、要效益。

蜜柚产业规模扩大后，提篮小卖不行，"一车装不满、一担挑不了"也不行。吉安市副市长肖玉兰说，政府必须在品牌培育、市场营销等方面做好服务。

"老乡工程"涉及面极广，的确考验着党员干部队伍。按规定，市直、县直机关干部都要回原籍或到挂点贫困村参与"老乡工程"建设，每位干部包两户贫困帮扶发展蜜柚产业。万安县专门制定干部帮扶长效机制，安排科级以上干部每人帮扶10户"老乡工程"实施农户，实行全程帮扶，一包两年，确保包种植、包成活、包丰产。

郭庆亮认为，"老乡工程"既体现出一种产业发展理念，也体现出一种执政理念。这项富民工程纷繁复杂，工作琐碎细致，从市领导到各县、乡镇、村组，党员、干部共同推动，这是群众路线教育活动最为生动的实践。

现代理念，产业规律——

提档升级的"老乡工程"

对于"老乡工程"，如果提到怎么看，要说百姓情怀；怎么干，就要有现代理念。

不久前，投资 2.2 亿元、加工能力 10 万 t 的井冈蜜柚精深加工项目落户吉水县，建成投产后产值可达 5 亿元，将带动周边农户增收 2 亿元。吉水县委书记刘兰芳认为，面对未来几十万亩蜜柚进入盛果期，必须进行蜜柚产品的深度综合开发，为市场提供多元化的蜜柚产品，优化产业布局，要引进一批蜜柚产加销龙头企业，全面提升井冈蜜柚产业的综合竞争力。

万安县则更早地意识到了蜜柚产业的市场问题。"为了推销县里脐橙，我曾经带队去上海卖脐橙。"万安县果业局许副局长说，"一家上海超市提出每月要 200 万 kg 万安脐橙，连要 5 个月。除去农民自销，理论上我能集中起来的也就 100 万 kg，更何况超市要压一个月结账，但老乡肯定要现金，周转资金问题很难解决，一个大单只能放弃。过于分散的种植，对市场没有吸引力，再加上品质的稳定性、一致性都很难保证。"

因此，吉安市大力支持鼓励有实力的非农企业转型投资井冈蜜柚产业，全市目前投资千亩以上的基地有近 50 个，绝大部分都是转型企业的成功案例。

最近，吉安市在原有基础上又出台了《关于进一步促进井冈蜜柚产业发展的意见》，提出推进良种繁育、科技支撑、产业化经营和品牌营销四大体系建设，加快形成大果业、大产业、大市场、大品牌的现代产业新格局，进一步明确了产业发展的现代化路径。

记者在采访中，听到较多的担心是苗木繁育问题。良种繁育被作为蜜柚产业提升的四大体系之首就可见一斑。吉安市果业局负责人称，蜜柚不像一般的农作物，它需要栽种后四五年的管理才能显现生产效益。一旦种苗出现问题，整个产业将遭受不可想象的灾难。

井冈山国家农业科技园正在建设无病毒蜜柚苗木良繁场。科技园负责人说，他们加强新优品种的引进、选育、试验和示范推广，更加适应市场需求。到 2020 年，科技园的脱毒良种繁育能力将达到每年 300 万株以上，全市新建果园的脱毒苗使用率会达到 100% 以上。

采访期间，记者参加了吉安井冈蜜柚节。组委会进行了"井冈蜜柚王""井冈蜜柚致富之星""井冈蜜柚发展之星"和"井冈蜜柚娃卡通形象"的评选，完成了一次井冈蜜柚品牌的有效推广。吉安力争把井冈蜜柚打造成中国驰名商标和中国知名品牌，建设成全国最大的蜜柚产业基地。

郭庆亮说，2012 年吉安市的农业产值才 304 亿元，如果井冈蜜柚到 2020 年达到 100 万亩以上，种植环节就可实现产值 100 亿元以上，再加上二产三产，这至少是一个 200 亿元的产业。也就是说通过 7 年左右的努力，仅井冈蜜柚一个产业就相当于全市农业总产值的 2/3，一个产业便可使吉安的农业提升一个大台阶，何乐而不为。

井冈蜜柚甜心头

（原载于《江西日报》2015年3月19日B2版）

作者 周朝霞 刘之沛

"井冈蜜柚不仅是我们农户的'摇钱树'，更是'希望树'。井冈蜜柚不光味甜，更是甜进了我们的心里。"安福县横龙镇东谷村的井冈蜜柚种植大户王伟在3月14日召开的吉安市农村工作会上一番发言，道出了吉安市果农的心声。

红土地上遍种"致富果"

井冈蜜柚是以"井冈"作为品牌，以新干桃溪特早蜜柚、金沙柚作为主导品种的吉安地方良种甜柚的统称。目前，吉安市蜜柚种植面积25.8万亩，其中大户开发22.14万亩，"老乡工程"3.68万亩，实施农户6.07万户。

"井冈蜜柚栽种条件低、病虫害少、投入不高，非常适合我们栽种；无论是品质还是品相，相比其他柚种不差，市场前景看好。"果农王伟在该市农村工作会上现身说法，谈起他从20世纪80年代末至今栽种井冈蜜柚的经历。良好的机遇，再加上他和老乡们不懈的努力，井冈蜜柚的名声已越叫越响，远销湖南、贵州、广东等地。

井冈蜜柚产业有力带动了吉安市千村万户致富。吉安县的"一户一亩"井冈蜜柚工程，力争5年时间，打造10万亩井冈蜜柚种植加工基地。青原区按照"一乡一盘棋、全区一幅画"的庭院经济布局，全力抓好井冈蜜柚千村万户老乡工程，向空心村、撂荒地、残次林、荒坡地要土地、要效益。吉州区长塘镇引进农业龙头企业江西绿巨人集团投资发展井冈蜜柚产业，同时注重本土培育，大力发展井冈蜜柚富民产业，吸引本地能人返乡创业。如今，井冈蜜柚富民产业已成加快吉安农村经济发展，促进农民持续增收，全面建成小康社会的有效途径。

形成产供销一条龙产业链

蜜柚果脯、蜜柚茶饮料、蜜柚酒、蜜柚精油、蜜柚洗涤用品……一系列蜜柚深加工产品，让13个县（市、区）的果业局长眼花缭乱。3月13日，吉安市果业现场会召开，各地的果业负责人在万安县吉柚美生态农业体验店，一边仔细观看，一边向江西省丰达农业发展有限公司总经理肖冬华提出自己的一些疑问。

"山顶戴帽、山腰挖带、山脚穿鞋"，万安县五丰镇荷林井冈蜜柚产业基地科学建园的种植方式，以及"公司＋合作社＋基地＋农户"的经营模式，吸引周边农户以土地或资金的形式入股成立专业合作社。据肖冬华介绍，公司与合作社签订协议，公司收购蜜柚后，一部分直接销售，一部分通过深加工企业生产系列蜜柚深加工产品销售。

蜜柚基地、柚果产后处理线、蜜柚深加工产品专销店……现场会上，大家一路走，一路看，交流学习，查找差距，比学赶超。

"一年之计在于春。如何进一步促进果业基地标准、提高管理水平，从而提升整个井冈蜜柚产业的科技含量，是春季来临首要考虑的问题。"该市果业局长曾平章告诉记者，2010年吉安市大力发展井冈蜜柚以来，已经建设了一批建园标准高、苗木长势好的蜜柚基地，今年井冈蜜柚的面积预计可达32万亩。

小柚子进发大产业

（原载于《井冈山报》2012 年 6 月 20 日第 06 版）

作者 严爱群 潘虹莉 曾睿

"柚子全身都是宝，吃了不上火，易储藏，投劳还少，再加上市场前景极为看好，对于这样一个产业，看准了，一定要加大力度抓。这是加快农村经济、调优农业结构、让老百姓迅速增收致富的好产业。"

——市委书记王萍

"南橘北梨中柚"，2010 年井冈蜜柚被纳入全省果业"十二五"规划重点布局产业。柚子从老百姓房前屋后栽遍荒山，形成连片成群的万亩柚子山。这个滋生于井冈大地上千年的古老果品，仅用两年的时间就实现华丽变身，进发出无穷魅力。

"金果果"敲开致富之门

6 月 11 日，记者走进吉水县白水镇果农王明根的柚子园，1 000 余株绿意盎然的柚子树静静地躺在群山的怀抱，一缕清澈溪水潺潺穿园而过，鸡鸭在树下悠闲觅食。累累硕果的柚子已挂满枝头，大的已有半斤，这几天王明根和女婿正在忙着设计和定制包装箱，准备今年推出普通型、精品型、贡品型系列礼品装。2011 年，他承包的 30 余亩果园纯利润 60 万元，这个"大红包"顿时让他在全市果业种植户中声名鹊起。"以今年的挂果量，按平均 6 元/kg 的价格，获利 70 万元基本没有问题。今年已有几批湖南客商过来下订单，有的开价 1 000 元包一整株柚子！"看着这片"绿色银行"，55 岁的王明根喜上眉梢，信心满满。"谁能料到蜜柚市场如今能如此火爆啊？"作为全市名气最响的甜柚大王，王明根见证了吉安蜜柚市场的起步和发展。20世纪90年代，每到中秋节前后，他就骑着三轮车到白水垦殖场批发柚子，再送往市场上销售，白水柚子虽然一直小有名气，平均也只能卖1.5元/个左右。2004年，王明根承包了白水垦殖场几近荒废的30余亩柚子园，之后连续四年，一年的纯收入不到1万元。直到2008年，市场逐步打开，湖南客商以2元/kg的批发价大批量收购柚子，2009年批发价提升至每千克2.8元，2011年达到5.2元/kg。"看今年的行情，批发价预计不会低于3元/斤（1斤=0.5kg），礼品柚进入超市土特产店后，售价有可能超过5元/斤。井冈蜜柚作为保健水果，我相信它未来的市场空间不可估量。"白水镇镇长鄢宝富告诉记者，蜜柚的市场前景吸引了众多农民工返乡种植，今年全镇柚园承包种植面积将达到5 000亩。

安福县横龙镇是我市成熟金兰柚最集中的种植区，目前该镇有200余亩金兰柚已进入盛果期。随着蜜柚市场逐渐被看好，品相口味俱佳的金兰柚早已被众多外地客商"盯"上了，来自湖南、萍乡、南昌的客商直接将车开进横龙一些柚子园抢购。果商以每个2~5元的价格收购，精心包装后摇身一变成为名贵水果，销往北方一个可卖到20~50元。这让安福金兰柚的"推广人"——32岁的果农罗波波既惊喜又焦急，"长江以北的地区不宜种植柚子，如今北方市场甚至我省都是外地蜜柚唱主角。以井冈蜜柚的品质，未来几年北方市场前景非常广阔"。

他对蜜柚市场的坚定信心源自他的一次跨省调研。2010年立冬，他背着一袋金兰柚，走进全国知名的水果批发集散地——山东威海，直接将带来的金兰柚一个个送给当地实力雄厚的水果供应商品尝，本是抱着探探路的心态却意外获得"井冈山的柚子果香味美纯柚味"的美誉，仅一天时间，他就接到三万多斤的订单，不仅价格不菲，还要求常年供货。无奈以安福目前的产量根本无法保证货源。在寿光、大连等水果批发市场，罗波波携带的金兰柚同样被看好。回到安福后，他立即将市场信息反馈给当地果业部门和果农，第二年，在已有 40 余亩成熟柚园的基础上，他又种植了 100 多亩金兰柚。2011 年，他承包的 600 余株成熟金兰柚销往湖南、贵州、萍乡、南昌等地，纯利 30 余万元。2010 年至今，横龙镇的蜜柚种植面积从不足 1 000 亩飙升至 3 000 余亩，蜜柚已取代传统温柑成为横龙镇果业的头把交椅。

市场的催化彻底打开了吉安蜜柚产业深藏的"魔力"，巨大的市场前景和特有的地域优势让蜜柚产业在果农和地方政府的视野中逐渐占据重要地位。

科学决策开启蜜柚征途

20 世纪 80 年代初期，吉安市果业无论面积还是产量在江西省都居于榜首，由于 1991 年和 1999 年两次罕见的大冻害，主导品种新干三湖红橘和温州蜜柑几乎全军覆没，加之 1997 年出现卖橘难现象后，蜜橘的效益每况愈下，严重的影响了群众种果的积极性。从此吉安果业一蹶不振，远落后于赣南脐橙和南丰蜜橘。

如何重振吉安果业？重新选择一个主打品种和品牌首当其冲。2003 年，通过省级科技部门组织鉴定，以桃溪蜜柚、金沙柚、泰和沙田柚 3 个本土蜜柚良种为主的井冈蜜柚产业以其得天独厚的自然优势、市场优势和社会优势脱颖而出，成为创立吉安果业品牌的主导产业。

"吉安市地处典型的中亚热带温暖湿润季风区，光照充足，雨量充沛，无霜期长，其中大部分地区为全国少有的蜜柚适宜栽培区，目前全市有 150 多万亩低丘缓坡以及低效残次林可开发种果，土壤大部分为红壤土，土层一般深达 1m 以上，加之生态环境优良，十分适宜大规模种植绿色蜜柚和发展生态旅游果业。"市果业局局长曾平章表示，除地域优势外，井冈蜜柚有五大产品优势，柚果味美可口，富含人体必需的多种微量元素，具有理气、润肺清肠、预防心脑血管疾病等和抗癌减肥等功效和作用，尤其适合儿童老人食用的绿色健康食品。柚肉含有类似胰岛素的成分，是糖尿病患者的理想食品，未来消费群体庞大。与其他水果相比，柚子极耐贮藏，是"天然水果罐头"，"柚子全身都是宝"，可开发柚子茶、柚子皮沐浴露、美味零食、驱虫防虫剂等附加产业，同时柚子易采摘，大大降低了人工成本。

经济效益如何，来看看果农给你算笔账。安福果农颜梅魁称，蜜柚栽植五年可投产，前五年净投入达 6 000 元/亩，第 8、9 年进入盛果期，成年柚树平均株产 100 个，按每个 1kg 测算，产量可达 3 300kg/亩（种植密度为 33 株/亩），按最低 4 元/kg 销售计算，产值为 13 200 元/亩，除去当年成本 2 000 元/亩，年纯利 1 万元以上，且至少可维持 20 年以上的盛果期，是果农名副其实的"绿色银行"。

然而井冈蜜柚的发展战略并非一帆风顺，两次冰冻灾害让曾经大力推广种植的福建琯溪蜜柚遭到灭顶之灾，种植户损失惨重，一时间吉安谈"柚"色变。即使在 2002 年，吉安市聘请省内知名果树专家对《吉安市开发井冈蜜柚生产基地》进行了可行性论证，柚子是否适合在吉安种植的质疑声依旧不断。直到 2009 年，在市场需求的催化下，井冈蜜柚才被正式列为吉安果业未来主导产业。随着 2010 年《关于加快推动井冈蜜柚产业发展的意见》《吉安市 2011—2014 年井冈蜜柚产业发展规划》的出台，井冈蜜柚产业发展的大幕正式拉开。

从 2010 年起，吉安市大力实施井冈蜜柚"百千万"示范工程建设，重点在 105 国道和赣粤、泰井、武吉高速等"四通道"沿线建设井冈蜜柚示范基地。先后争取 6 县（区）列为中央财政支持现代化农业（柑橘）项目，为新开发的果农争取每亩 300 元补贴，市财政连续三年每年设立井冈蜜柚专项资金，1999 年

60万元，2010年100万元，2011年200万元，今年将达到210万，各县市区纷纷制定相应的扶持政策，有力推动井冈蜜柚的发展。从2010年起，井冈蜜柚还被列入政府年度任务考核目标。

"'井冈蜜柚'是吉安市生产栽培的优质蜜柚果品的统称和品牌。目前，全市蜜柚种植面积有8.6万亩，计划'十二五'时期内以每年6万亩的速度递增，到2015年达到30万亩，成为全省乃至全国蜜柚重要产区。"市委常委郭庆亮在接受记者采访时表示，"要让'井冈蜜柚'真正成为富民兴市的'甜蜜产业'，成为果农发家致富的'绿色银行'。"

民间资本涌入"甜蜜"事业

在市果业局出示的一份《全市2012年春季蜜柚种植完成情况统计表》中，赫然有江西绿巨人公司、江西思倍得集团有限公司、江西吉富农业开发有限公司、千里山农业发展有限公司等一批我市知名农业龙头企业。市果业局表示，如今有大量民间资本将目光瞄准了井冈蜜柚。

青原区的尹名捍是目前我市最大的蜜柚种植户，他投资4 000万在青原区猫儿下水库打造万亩井冈蜜柚基地，目前已开发一期5 000亩。为建基地，他投资50余万修建了一条进山的水泥路，多次前往中国农业科学院重金聘请果业专家为基地规划。作为一名房地产开发老板，不建房子种柚子，他的想法让很多朋友很好奇，"作为一名商人，获得最大利益是最高准则。我坚信，随着经济发展和人民生活水平的提高，未来唯有健康生态的物质才能被人们所青睐。井冈蜜柚作为真正意义的保健水果，其产业发展才刚刚起步，市场前景一片看好，同时又能让经济效益极低的荒山残林变废为宝，如此利国利民利己的项目，我相信自己的投资是正确的。"目前，他正着手筹建青原区井冈蜜柚合作社，推出"东固山"井冈蜜柚品牌。除了蜜柚种植，基地还建有大型养鸡场和养猪场、上千亩水库，打造现代万亩柚子山旅游观光带。

6月13日，江西绿巨人集团在吉州区兴桥镇甫里村的千亩蜜柚基地一派火热场面，100余名工人正在挖坑种树。由于在全市率先研发使用营养袋育苗技术，该公司培育的蜜柚苗不但一年四季都能栽种，成活率达到100%，柚子投产周期还可以提前一年。公司总经理周军表示，两年来，绿巨人投资近千万在兴桥、樟山建有2 300余亩高标准示范基地，从育苗、整地、栽种、施肥甚至品牌销售都已有一套完整的标准流程，并在基地套种紧俏植物龙脑樟、速生绿化苗木等经济作物，实现以短养长，增加经济收益。他表示，公司还将逐步开发井冈蜜柚茶、井冈蜜柚食疗产品、保健品等高附加值产品。

井冈蜜柚的前景同样吸引着企事业单位干部职工的投资目光，2009年，青原区15名机关干部采取"人不下海钱下海"的方式领办柚园，在富滩贫瘠的荒山上打造出千亩井冈蜜柚示范基地，在万安县原工商局一干部投资120多万元兴建井冈蜜柚园，带动附近农户参与开发。

2012年4月，市政协井冈蜜柚产业调研组撰写的《关于鼓励利用民资加快井冈蜜柚产业发展的调研报告》提出，发展井冈蜜柚是党委政府为重振吉安果业、引领果农致富做出的科学决策和重大战略。在赣州脐橙、平和蜜柚产业快速发展中，他们提出"没有果园的干部不是好干部""人不种柚钱种柚"。目前，井冈蜜柚的经营主体大多局限于少数民营企业和专业大户，绝大多数民资还没有踊跃参与，建议政府进一步出台政策，激励广大机关、企事业单位领导干部大胆领办、联办蜜柚园。

产业扩张亦需未雨绸缪

当前，作为朝阳产业的井冈蜜柚产业正发展得如火如荼，其巨大前景已逐渐被市场所认可，但在未来发展中，在土地流转、资金扶持、基础设施建设、产业化水平等方面仍存在不少压力。

由于农村林权改革和土地承包责任制的全面落实，山场土地已分至千家万户，农村土地流转非常困难，是将来制约井冈蜜柚产业发展的最大瓶颈。据市果业统计，各县市普遍存在有民资有意种柚却无地可种的尴尬，广东一外商主动找到永新县果业局，希望能在永新发展1 000亩蜜柚，终因土地流转困难而放弃。市政协在报告中就建议可借鉴信丰县"明确所有权、稳定承包权、放活使用权"的思路，各地尽快成立农村土地流转服务中心，开展土地二次流转，先由村委会或乡镇政府流转集中农户的分散土地，通过统一平整后，再整体或分块转包给种植户。吉水县果业局则建议将井冈蜜柚纳入美丽乡村建设、造林绿化"一大四小"工程的景观工程，甚至在各城区街道、公园栽种蜜柚，真正体现井冈处处飘柚香。

市果业局表示，当前政府对井冈蜜柚资金扶持有限，基地的水、电、路等配套设施大多由种植户自己承担，前五年种植的净投入成本较大，而蜜柚种植户很难获得银行贷款，融资渠道不畅导致后续投入乏力，他们已在与几家金融机构接洽。井冈蜜柚还处在分散生产经营阶段，尚未建立统一的市场营销体系和技术标准体系，缺少设施先进、配套齐全、功能完善的果品批发市场，缺乏加工能力强、生产工艺先进的果品龙头企业。未来五至十年，井冈蜜柚将继续大规模扩张，大批基地盛果期，柚果销售问题需未雨绸缪，超前制定营销体系建设和精深加工产业。

"赣州脐橙、平和蜜柚、安溪铁观音等产业之所以成功，非一朝一夕发展而成，是经过历届党委、政府数十年的艰苦奋斗，一任接一任坚定不移的强力推进才有了现在的成就。尤其在产业发展的初期，党委政府的决心和科学领导是决定产业未来发展方向的关键。"长期主抓井冈蜜柚产业的市委常委郭庆亮表示：

“全省果业‘十二五’规划重点布局，给井冈蜜柚带来了难得的发展机遇，未来井冈蜜柚不仅是吉安果业之王，更将为我市在全省全国乃至世界果品产业谋求重要席位。”

2012年2月召开的全市农村工作会上，市委书记王萍指出：“要花三至五年的功夫，叫响井冈蜜柚品牌。”井冈蜜柚的蓬勃发展正重构全省果业布局，全省果业“南橘北梨中柚”的新格局正在逐步形成。

怎一个甜字了得

——永新县安福县井冈蜜柚之味

（原载于《吉安晚报》2015年3月24日A2版）

作者 谢炳华

核心提示：井冈蜜柚，火了！在早前闭幕的全国两会上，习近平总书记参加江西代表团审议时，问道："你们的井冈蜜柚甜不甜？"

移步皆是景，举目满眼新。阳春三月，庐陵大地绿意盎然，一派生机勃勃。井冈蜜柚，无疑是其中十分亮丽的一道景色。事实上，作为果树它的枝头挂满了果农们对于丰收的希望；作为产业它的推广诉说了人们对于致富的期盼。那么，井冈蜜柚到底甜不甜？近日，记者与市果业局技术人员一同前往永新、安福等地实地探访，不妨用几个场景来诠释"井冈蜜柚，怎一个甜字了得"。

场景一：种植井冈蜜柚，果农变身"老总"

另有安福横龙镇果农颜爱星算账：目前一亩蜜柚年纯收入8 000元，差不多抵得上10亩水稻。

安福县横龙镇东谷村，景色秀丽的明月湖水库畔，安福县"开元家庭农场"农场主王伟正在与雇来的工人一起修剪井冈蜜柚枝。其实早在20世纪90年代，王伟就是村民眼里的"果王"，他引进过大五星枇杷、油桃进行种植，效益虽有但不明显。2004年，他砍掉了正在挂果的桃树，决心发展金兰柚，这一举动被村民解读成"煮熟的鸭子不吃偏要去河里摸蟹"。在质疑声中，王伟选择了坚持，正是这份执着给他带来了丰厚的回报。2013年，在吉安市首届井冈蜜柚节上，他获得了"柚王"

和"井冈致富之星"称号。"我这里是吉安市井冈蜜柚定点育苗基地，每年需要 20 万株柚苗，目前已有 19 万株出圃，光苗木这一块就有几十万元的收入。"王伟告诉记者，截至去年底，井冈蜜柚累计为他增收 180 万元，难怪很多人称呼他为"王总"。在他的带动下，附近农民种植井冈蜜柚的积极性得到了极大的提高，颜爱星就是其中一个。

老颜今年 62 岁，横龙镇盆形村人，记者采访时他正在王伟的蜜柚基地帮忙剪枝。"包吃 150 元/天，闲时到基地干活不仅能学技术还可以赚点工钱。"老颜说，算起来到今年为止种了 6 年的井冈蜜柚，挂果两年今年进入盛果期，记者问收入怎样，他算了一笔账：以前种 10 余亩水稻，早稻主要留着做口粮，剩下的基本与农药化肥等投入持平；二晚按亩产 1 000 余斤、收购价 140 元每百斤计算，每亩的毛收入是 1 400 余元，除去 100 元/亩的收割机费用以及其他投入，每亩纯收入顶多 1 000 元。记者了解到，老颜种了约 6 亩地 200 株井冈蜜柚，按照市场收购价 6 元/kg 计算，每亩纯收入 8 000 元，年纯收入近 5 万元。10 亩水稻年纯收入不过万元，真是种一世的水稻还不如种几亩井冈蜜柚。老颜说，后悔当初没多种点井冈蜜柚，那样的话收入就更高了。

场景二：荒山披上绿装，这里家家户户种蜜柚
老表不外出打工在家种柚，更有老板回乡搞蜜柚生态园。
永新县禾川镇樟石村，这个有 310 户 1 222 人其中贫困户 86 户、贫困人口 315 人、低保户 25 户的村庄，近两年来正悄然发生着变化。作为吉安市社联的定点扶贫村，此前全村人均纯收入仅 2 200 元。如何摆脱贫困，让村民走上致富路？经过深入调研，终于有了答案：利用村里的荒山种井冈蜜柚，而且要建成一个"绿色银行"。洪大林，一个 64 岁的老汉，妻子身体不太好自己

只能在县里打零工维持生计。2013 年入股 5 000 元、2014 年入股
10 000 元、2015 年入股 5 000 元，得知村里成立了"田鑫果业合
作社"，他将打零工省吃俭用积攒下来的 2 万元钱全部投了进
去。"村里带我们到万安、安福等地的农业合作社参观，感觉很
有信心，把钱投进去至少养老不用愁。"老洪说。

事实上，洪大林的说法是有根据的。樟石村党支部书记段文
华告诉记者，在进入盛果期后，井冈蜜柚产业将为村里带来
1 000 万元左右的财富，人均收入可达 10 000 元，将彻底摘下贫
困村的帽子。不仅如此，还建立了"10%公益金"，即从合作社
的收成里提取 5%的资金作为村庄公共建设，另外 5%扶助孤寡
病残。按照千亩井冈蜜柚基地盛果期收益计算，每年有 50 万用
于村庄发展建设，50 万用于扶助孤寡病残，实打实的一个"绿
色银行"。2015 年，樟石村准备投入 300 万元在蜜柚基地内建农
家乐园，蜜柚的销路不成问题。

安福县寮塘乡沥塘村 7 组，村民刘民贤家房后的荒地上，2
月底种好的 500 余株井冈蜜柚长势良好。据了解，此前他和妻子
在外打工，有一次听县果业局工作人员讲到井冈蜜柚时心动了，
于是就留在家乡。"此外，我还租了 20 亩地种烤烟，农闲时就
在附近打零工，真正做到农活、副业、家庭三不误。"谈到井冈
蜜柚的前景，刘民贤信心满满。

思塘村"奕礽农场生态农业示范园"、官田村"宁涛生态农
业园"……在安福县寮塘乡，一个个以井冈蜜柚为主打的农业
生态园如雨后春笋般出现，而大多数是在外创业成功人士返乡创
办的。

场景三：蜜柚不仅是"摇钱树"，也是景观树

一些新农村建设点将蜜柚当作一种景致，与"美丽乡村"
完美结合。

　　如果只把井冈蜜柚当作"摇钱树"也许有些片面，至少在一些新农村建设点看过后，你会觉得景致原来可以这样美丽。永新县才丰乡圳上村，这里是该县"引农上坡"第一批示范点，在建设中突出"天人合一"的理念，坚持不推山、不砍树、不填塘，保持天然生态体系，见缝插针布局建房，依山就形建设设施。进入该村，一个"柚园"十分引人注目，显而易见园内的主角就是井冈蜜柚。对于井冈蜜柚的爱惜程度和认知水平，该村村民可不一般：一株株蜜柚树被精心地用树池和围栏保护起来就是最好的说明。

　　如果觉得不过瘾，那么请到安福县平都镇李家村张家山自然村看看吧。古樟、小桥、流水、人家，在蜜柚的点缀下别有一番风味。试想一下，等到蜜柚成熟时，清新的柚香、丰收的笑容、采摘的喜悦融为一体，多么美妙的画面。事实上，这里的 200 株蜜柚是该县四套班子领导及部分机关干部种植的，正是该县新农村建设与"千村万户老乡工程"的完美融合。

　　井冈蜜柚处处香，千村万户奔小康。关于井冈蜜柚的种种，本报此前作过详尽的报道。习总书记对革命老区发展的殷殷关切之情，令人欢欣鼓舞，特别提到井冈蜜柚更令果农们倍感振奋。作为职能主管部门，市果业局局长曾平章说，"市委、市政府高度重视井冈蜜柚产业，将其列为六大富民产业之首来抓，并把'井冈蜜柚富民产业千村万户老乡工程'作为'书记工程'来抓，近年来成效明显。今年，将着力推进良种繁育体系、科技支撑体系、产业化经营和品牌营销体系建设，深化技术服务，提高产业标准，努力把井冈蜜柚打造成著名水果品牌。"